温室葡萄栽培管理关键技术

李峰 主编

中国农业大学出版社
· 北京 ·

内 容 简 介

本书共包括十一章，主要内容有日光温室的建造、葡萄对肥料的需求与施肥、温室葡萄栽培架式与整形、温室环境特征及调控、温室葡萄育苗、温室葡萄苗木栽植、温室葡萄的修剪和花果管理、温室葡萄物候期特征及管理、温室葡萄常见病虫害防治及防灾、温室葡萄栽培常见问题及解决。本书根据多年的温室葡萄栽植经验，结合温室的环境特点，介绍了温室葡萄一年两收栽培的关键技术，可以为果农、农技推广员和相关专业的科研人员提供温室葡萄栽培方面的参考。

图书在版编目（CIP）数据

温室葡萄栽培管理关键技术 / 李峰主编. —北京：中国农业大学出版社，2019.2（2020.6 重印）

ISBN 978-7-5655-2177-5

Ⅰ. ① 温… Ⅱ. ① 李… Ⅲ. ① 葡萄栽培 – 温室栽培 Ⅳ. ① S628.5

中国版本图书馆 CIP 数据核字（2019）第 041679 号

书　　名 温室葡萄栽培管理关键技术
作　　者 李峰　主编

策划编辑 李卫峰　　**责任编辑** 王艳欣
封面设计 郑　川
出版发行 中国农业大学出版社
社　　址 北京市海淀区学清路甲 38 号　　**邮政编码** 100193
电　　话 发行部 010-62818525，8625　　读者服务部 010-62732336
编辑部 010-62732617，2618　　出　版　部 010-62733440
网　　址 http://www.cau.edu.cn/caup　　**E-mail** cbsszs@cau.edu.cn
经　　销 新华书店
印　　刷 永清县晔盛亚胶印有限公司
版　　次 2019 年 3 月第 1 版　2020 年 6 月第 4 次印刷
规　　格 880×1 230　32 开本　3.75 印张　105 千字
定　　价 48.00 元

编委会

前　言

近几年来，避雨栽培、温室促早兼延迟栽培、温室标准化栽培等大批先进技术的迅速推广，极大地促进了我国设施葡萄栽培的快速发展。为使广大果农进一步了解、掌握设施葡萄常规及先进栽培管理技术，提高现有的葡萄管理水平，促进果农增收，在总结当地群众多年实践经验和近些年北京市延庆区葡萄及葡萄酒产业促进中心研究成果的基础上，编写了《温室葡萄栽培管理关键技术》一书。

本书共包括十一章，主要内容有葡萄园选址与温室改造、葡萄对肥料的需求与施肥、温室葡萄栽培架式与整形、温室环境特征及调控、温室葡萄育苗、温室葡萄苗木栽植、温室葡萄的修剪和花果管理、温室葡萄物候期特征及管理、温室葡萄常见病虫害防治及防灾、温室葡萄栽培常见问题及解决。

本书根据多年的温室葡萄栽植经验，结合温室的环境特点，介绍了温室葡萄一年两收栽培的关键技术，可以为果农、农技推广员和相关专业的科研人员提供温室葡萄栽培方面的参考。

由于时间仓促，书中难免有不妥之处，恳请广大读者批评指正。

编　者

2019 年 2 月

序

葡萄是世界上栽培历史悠久、栽培面积和产量处于前列、经济价值较高的果树之一，其果实是一种广受消费者青睐的水果。设施栽培在发达国家的发展历史悠久，而我国葡萄设施栽培始于20世纪50年代，真正规模化的生产栽培则兴起于80年代末90年代初，主要分布在北方地区，如北京、辽宁、青海、宁夏、河北、河南、山东等地，分布范围广。2000年后，随着避雨栽培技术的创新与推广，普通避雨栽培面积在我国多雨的南方各地迅速扩展，甚至在北方的葡萄主产区也在迅速发展。2015年底，我国设施葡萄面积已达280余万亩（1亩≈666.67 m^2）。

随着人民生活水平的提高，以进口水果为代表的高档水果在市场的供给量越来越大，而国内高档水果寥寥无几。葡萄设施栽培已成为生产高端葡萄或奢侈品葡萄的新方向和新趋势。我国葡萄设施栽培主要有三个发展方向：一是以早熟上市为目的的促早栽培，主要分布在北京、河北、河南、山东等地；二是以提高品质为目的的延迟采收，主要集中在甘肃省的兰州市、陕西省的延安市；三是以提高品质和扩展栽培区域及品种适应性的避雨栽培，主要集中在浙江、福建、上海。2009年起，在北京延庆、昌平、房山等地开始进行温室葡萄一年两收栽培试验，2012年推广设施葡萄栽培面积达1 000亩，形成了涵盖育苗、栽植、修剪、架形、肥水管理、病虫害防治、花果管理、破眠等较为完整的技术体系，实现了头茬在5—7月份上市，二茬在元旦、春节采摘的栽培目标。

作者李峰自2012年参加工作以来，一直在延庆从事设施葡萄品种选育及栽培工作，在国内行业核心期刊发表了多篇学术论文，获得北京市科协金桥奖三等奖和“北京市优秀青年工程师”等荣誉称号。他对葡萄品种选育、架形改造等进行了较为深入的研究和探讨。本书正是在总结单位同事与同行多年温室葡萄栽培经验的基础上，结合自己的试验和实践成果编写的。作者在尊重传统编写套路的同时，力争有所创新，在葡萄周年管理方面，以葡萄生长的物候期为轴线，将温室葡萄的各项管理措施贯穿其中，有利于农村科技实用人才的理解和掌握，操作性强。当然由于作者从事温室葡萄栽培工作时间较短，经验欠缺，不足之处还望同行给予批评指正。

丁双六

2019 年 1 月

目 录

第1章

概　述

1.1　我国设施葡萄的发展

葡萄是一种广受消费者青睐的水果。它含有大量的葡萄糖、果糖、矿物质、氨基酸和人体必需的多种维生素。葡萄是世界上栽培历史悠久、经济价值较高的果树之一。全世界葡萄栽培面积和产量一直处于果树产业发展的前列，集中分布在3个中心，即欧洲－西亚分布中心、北美分布中心和东亚分布中心。我国处于东亚种群的集中分布区，已知葡萄属植物的野生分布约38种，中国葡萄属植物种类约占世界的60%[1]。

葡萄设施栽培作为露地自然栽培的特殊形式，是指在不适宜葡萄生长发育的季节或地区，在充分利用自然环境条件的基础上，利用温室、塑料大棚和避雨棚等保护设施，改善或控制设施内的环境因子（包括光照、温度、湿度和CO_2浓度等），为葡萄的生长发育提供适宜的环境条件，进而达到葡萄生产目标的、可人工调节的模式，是一种高度集约化，资金、劳力和技术高度密集的农业高效产业。

设施栽培在发达国家的发展历史悠久。设施栽培在果树种植方面的应用始于17世纪末的法国，柑橘等热带果树是当时主要的栽培对象，随后逐步扩大到葡萄等其他树种。我国葡萄设施栽培始于20世纪50年代，真正规模化的生产栽培则兴起于80年代末90年代初，主要分布在北方地区，如北京、辽宁、青海、宁夏、河北、河南、山东等地，分布范围广，栽培技术较为成熟。而南方地区一直以露地栽培为主，近些年来避雨栽培在南方大量发展。2015 年底，我国设施葡萄面积已达 280 余万亩[2]。

随着人民生活水平的提高与市场的需求，葡萄设施栽培已成为葡萄产业发展的新方向和新趋势。葡萄设施栽培主要有三个发展方向：一是以早熟上市为目的的促早栽培，主要分布在北京、河北、河南、山东等地；二是以提高品质为目的的延迟采收，主要集中在甘肃省的兰州市、陕西省的延安市；三是以提高品质和扩展栽培区域及品种适应性的避雨栽培，主要集中在浙江、福建、上海。

1.2 我国设施葡萄生产的类型

我国的设施葡萄栽培，依栽培目的，主要可分为以下四种类型。

1.2.1 促早栽培

促早栽培是以早熟上市为目标的葡萄设施栽培形式。它通过棚膜的增温、保温功能，进行温度、湿度控制，为葡萄的生长创造理想的环境，从而促使葡萄提前生长和发育，提早成熟。促早栽培在我国广泛分布，技术较成熟，主要发展区域为北京、河北、河南、山东等地。

1.2.2 延迟栽培

葡萄延迟栽培以提高果实品质为目的，主要通过修剪等技术手段，使葡萄成熟期比露地葡萄推迟。在葡萄成熟前剪掉部分副梢使植株营养的输送发生变化，减少果实从树体中汲取的养分，从而促进顶部冬芽的萌发和副梢的生长。同时，由新梢再生长出的幼叶会产生赤霉素和生长素。它们的存在，改变了葡萄植株内原有的激素平衡，使葡萄果实的正常成熟过程受到阻碍。研究表明，延迟栽培还能够促进枝条成熟、植株养分回流、花芽分化以及树体安全越冬。高海拔、光照充足、物候期偏晚的甘肃、陕西的部分地区适宜延迟栽培。

1.2.3 葡萄的一年两收或多收栽培

可使葡萄植株在一年内产两茬或两茬以上的浆果。葡萄多次结果是通过促使当年生新梢的冬芽或夏芽花芽分化，利用合理的方法使其当年萌发，进而抽生出带花序的多次梢，实现多次结果的目标。在大城市附近进行一年两收或多收的设施葡萄栽培具有广阔的发展前景。

1.2.4 避雨栽培

避雨栽培是指在多雨地区，通过避雨设施的应用，使植株有效避开雨水的直接冲淋，以达到扩大种植面积、降低葡萄病害率、提高果实品质和增进品种适应性的生产目的。这种栽培方式在我国南方地区普遍推行，收效甚好，发展迅速。

1.3 葡萄延迟栽培

1.3.1 葡萄延迟栽培概况

温室果树栽培主要分为促早早熟和延迟晚熟，其中葡萄延迟栽培是果树设施栽培中很重要的一部分。葡萄延迟栽培就是在气候比较寒冷（年均气温 10℃以下，1 月份平均气温 –7℃以下）的地区，利用温室栽植葡萄，采取一系列技术措施使其成熟期延迟。我国葡萄设施延迟栽培开始于 20 世纪 80 年代[3]，近年来，甘肃、北京、宁夏、青海、西藏及黑龙江、辽宁等省（自治区、直辖市）的一些地方把发展葡萄延迟栽培和观光旅游相结合，形成露地严冬白雪，而温室内叶绿果红的特有景色，其社会效益与经济效益显著。温室葡萄延迟栽培的面积已有 15 000 亩，延迟栽培主要分布在甘肃、陕西等西北地区，而甘肃冷凉地区的葡萄延迟栽培面积约占全国的 90%。

延迟栽培是具有我国特色的一种葡萄设施栽培新形式，与促早栽培恰恰相反，它以生长后期覆盖防寒，尽量推迟和延长葡萄果实生长期为目的，延迟葡萄的成熟和采收时期，从而在隆冬季节采收新鲜葡萄供应市场，用延迟采收代替保鲜贮藏，取得良好的经济效益和社会效益。目前，研究者已采用多种方式实现葡萄延迟栽培。延迟栽培可分为一次果延迟与多次果延迟两种类型。一次果延迟主要是在无霜期较短的地区栽植晚熟品种，利用温室条件实现葡萄果实后熟。采用低温“挂树贮藏”延迟采收方式，实现果实延迟到元旦前采收上市。多次果延迟则是利用葡萄多次结果的特性，利用促萌夏芽副梢或冬芽进行结果枝培养，使葡萄成熟期延迟到元旦。

1.3.2 葡萄延迟栽培的调控类型

葡萄延迟栽培具有多种栽培调控类型，主要为：①调控果树发育期、花期温度，从而延缓果实成熟进行延迟栽培。②利用冬芽或夏芽副梢结二次果技术、选择晚熟品种等栽培措施进行延迟栽培。利用夏芽副梢可以多次萌发、多次开花结果的特性，形成二次果、三次果等。利用冬芽结二次果技术就是采用“逼冬芽”的方法，迫使冬芽在第一次果成熟之后萌发，从而延迟二次果的物候期。③对葡萄果实喷施植物生长调节剂进行延迟栽培。④利用当地独特的自然气候资源进行延迟栽培，如西南干热河谷地区、云贵高海拔地区、甘肃高寒冷凉地区及广西南宁地区等地进行的葡萄延迟栽培。

1.3.3 葡萄设施延迟栽培品种的选择标准

葡萄设施延迟栽培对品种有严格要求，选择品种应遵循如下原则。

（1）选择果实发育期长的晚熟品种。延迟栽培葡萄品种必须选择晚熟品种（极晚熟品种更理想）。

（2）选择早果性好，生长势中庸，花芽容易形成且着生节位低、坐果率高、连续结果能力强的品种。

（3）选择果刷发达、耐拉力强、成熟后不落粒、不缩果的品种。

（4）选择果粒大小整齐一致，果实皮薄、肉脆、味香的品种。

（5）对有色品种，应选择容易着色的，以适应温室内弱光的环境条件。

（6）选择生态适应性广，尤其对温室内高温、高湿条件适应性强，并且抗逆性强的品种。

（7）选择易储运的品种。

目前，从理论上认为可以作为温室延迟栽培的葡萄品种，依成熟期将之分为晚熟品种与极晚熟品种两类（后者更适合用于温室延迟栽培）。晚熟品种主要有巨玫瑰、户太8号、达米娜、摩尔多瓦、意大利、金手指等。极晚熟品种主要有红宝石无核、克瑞森无核、美人指、红地球、圣诞玫瑰等。

1.3.4 温室葡萄延迟栽培技术要点

（1）延迟栽培温室的扣棚盖膜应在当地秋季降温前进行，秋后早霜降临较早的地方更应注意适当提早扣棚盖膜，以防止突然降温和寒潮给葡萄叶片、果实生长发育带来不良影响。棚膜以抗低温、防老化的聚乙烯紫光膜或蓝光膜为好。

（2）前期要尽量延迟树体萌芽、开花和成熟时间，后期要注意保温和推迟采收时间。

（3）延迟栽培扣棚覆膜后，要注意调控温室内的温度和湿度。扣棚初期到10月中旬这一阶段，白天可适当放风，使温室内温度和湿度不要太高，而到10月下旬，随着外界温度的降低，温室内一定要注意防寒保温。一般这一阶段白天温室内温度应该保持在20～25℃，晚间应维持在7～10℃；空气相对湿度应保持在70%～80%。12月中下旬至翌年1月份，更要注意加强防寒保温，白天温度保持在20℃左右，晚间保持在8℃左右，最低也不应低于5℃。采取温室外加盖覆盖物、温室内挂置二道幕以及栽植沟覆盖地膜等措施，可有效保持温室内的气温和地温。

（4）温室延迟栽培的采收时间在元旦至春节之间。延迟栽培采收结束后，温室内一定要保持半个月左右相对较为温暖的时段，促进枝叶养分充分回流，然后再进行修剪和施肥。

目前在葡萄设施延迟栽培过程中，随着时间的推移，由于日照时间逐渐缩短、气温逐渐降低等原因，生产上普遍存在生育后期葡萄叶片早衰的现象。叶片衰老问题的存在严重影响了葡萄果实品质的维持，已经成为温室葡萄延迟栽培可持续发展的重要制约因素之一。在延迟栽培过程中，葡萄叶片的衰老限制了其光合作用及营养的积累，从而影响果实的品质及挂果时间。光是调控叶片衰老的重要环境因子，研究发现黑暗处理明显加快了叶片叶绿素的降解速率，促进叶片衰老。植株持续暴露在强光或弱光下，均可使叶片发生衰老。不仅使产量连年降低，而且影响成熟果实品质的维持。例如，在葡萄生长后期喷施保叶剂有延缓叶片衰老的作用，在葡萄延迟栽培措施中，对树体喷施外源赤霉素 150 mg/L 能够有效控制叶绿素和蛋白质的降解，延缓叶片衰老。另外，通过增施 CO_2 气肥，可增加温室延迟栽培葡萄叶片的叶绿素含量、提高光合效率并延长果实的二次膨大期。

1.4 温室葡萄一年两收技术

1.4.1 温室葡萄一年两收技术发展概况

葡萄一年两收栽培，是一项独特的创新技术。葡萄一年两收栽培技术是指在充分利用当地温光资源的基础上，通过促进葡萄二次花芽分化、打破夏季冬芽休眠，结合修剪、控温等先进技术，形成两季葡萄产量。一年两收的实现可以提高产量，弥补一次果的不足，延长鲜果销售期，对调节葡萄市场供应、拉长产业链等均具有积极作用，同时还可以创造良好的经济、生态和社会效益。

葡萄一年两收的报道最早开始于 1936 年的苏联[4]。在印度、泰国、日本也有研究应用。中国对葡萄一年两收技术的研究最早开始于 20 世纪 50 年代，应用始于台湾地区。目前，葡萄一年两收主要集中在安徽、广西、浙江、福建等南方地区，而在北方地区则很少有葡萄一年两收的报道。

年均气温是决定能否发展葡萄一年两收栽培的关键气象因子。在年均气温 16℃以上的南方地区均可进行一年两收栽培，其中在年均气温 20℃以上地区可进行早、中熟品种的两代不同堂一年两收栽培，在年均气温 17.5～20℃的地区可露地进行早熟品种的两代不同堂一年两收栽培和中熟品种的两代同堂一年两收栽培；在年均气温 16～17.5℃的地区可进行早熟品种的两代同堂一年两收栽培。

经过研究，目前在北方地区的温室栽培条件下，即使年均气温仅在 6℃左右也可进行一年两收栽培生产。而且为保障果实的品质与产量，采用的方式都是逼主梢冬芽的方式，不采用打破副梢夏芽休眠的方式。北方葡萄一年两收技术是将促早栽培技术与延迟栽培技术有机结合的综合栽培方式，实现了第一熟在 5—7 月份成熟，第二收在元旦、春节期间成熟（图 1-1）。技术推广后，果农获得了巨大的经济效益。

温室葡萄第一熟（5—7月份）

温室葡萄第二熟（元旦、春节）

图 1-1　温室葡萄一年两收

1.4.2　温室葡萄一年两收技术要点

在温室葡萄促早栽培中，葡萄进入深休眠后，只有休眠解除即满足品种的需冷量才能开始加温。过早加温会引起不萌芽，或萌芽延迟且不整齐，新梢生长不一致，花序退化，浆果产量和品质下降等问题。因此，在促早栽培中，我们常采取一定措施，使葡萄休眠提前解除，以便提早扣棚升温进行促早生产。在生产中常采用集中预冷和化学破眠等人工破眠技术措施达到这一目的。而实现冬芽二次果生产的关键是准确把握促进冬芽花序分化和诱导冬芽萌发的时间和方式。

1.4.2.1 葡萄休眠与破眠

休眠通常是指具有生活力的种子（或芽、鳞茎等器官）在适宜的萌发条件下仍不能萌发（发芽）的现象。芽休眠是植物生长发育过程中一种有益的生物学特性，是植物长期演化获得的一种对环境条件及季节性变化的生物学适应性。休眠不仅可以使果树度过寒冬，而且也是落叶果树下一年正常开花结果所必需的一个过程。葡萄的休眠期一般是指秋季落叶后到翌年春季树液流动时止。而休眠的解除也有低温要求。其中需冷量是制约果树休眠开始和解除的一个重要因子。果树的生理性休眠可经过一定的低温过程自然打破，这种特性称为需冷性。一般情况下，将 7.2℃的温度称为有效的冷温。果树需在此条件下经历若干小时的低温以打破生理性休眠。

在北方 11 月份或 12 月份将温室棉被放下，将温室温度维持在 7.2℃以下，人工创造出葡萄休眠的环境，此时葡萄树体可以带叶休眠。与传统去叶休眠相比，采取带叶休眠的葡萄植株能提前解除休眠，而且葡萄花芽质量显著改善。葡萄休眠期间保持温室内绝大部分时间气温维持在 5～8℃之间，一方面使温室内温度保持在利于解除休眠的温度范围内，另一方面避免地温过低，以利于升温时气温与地温协调一致。在满足葡萄品种的需冷量后，可进行葡萄树体的修剪、破眠。一般进行温室葡萄的一年两收栽培，都需要对冬芽破眠。葡萄冬芽具有晚熟性，一般在形成当年不萌发，只有在受到外界刺激如干旱、修剪和药物等刺激的情况下才会萌发。

打破休眠常用的破眠剂有石灰氮（$CaCN_2$）与单氰胺。石灰氮在使用时，一般是调成糊状进行涂芽或者经过清水浸泡后取高浓度的上清液进行喷施。为提高石灰氮溶液的稳定性与破眠效果，减少药害的发生，适当调整溶液的 pH 是一种简单可行的方法。在 pH 为 8 时，药剂表现出稳定的破眠效果，而且贮存时间也可以相应延长。一般认为单氰胺对葡萄的破眠效果比石灰氮更好，目前在葡萄生产中较常用。

破眠剂使用注意事项：

（1）为降低使用危险性，提高使用效果，石灰氮或单氰胺等破眠剂处理一般选择晴好天气，气温以 10～20℃之间最佳，气温低于 5℃时应取消处理。

（2）直接用破眠剂喷施休眠枝条不如用毛笔蘸芽处理效果好；蘸芽虽费工，但处理效果好，破眠效果更佳。

（3）石灰氮或单氰胺均具有一定毒性，接触皮肤后，会造成脱皮。因此，在处理或贮藏时应注意安全防护，避免药液同皮肤直接接触。由于其具有较强的醇溶性，所以操作人员应注意在使用前后 1 天内不可饮酒。

（4）破眠剂应放在儿童触摸不到的地方，并在避光干燥处保存，不能与酸或碱放在一起。

用毛笔蘸取破眠剂并涂抹冬芽后进行土壤浇水，满足萌发的条件。萌芽后即可进行常规的管理，但要注意温室日常温度变化，注意白天卷棚升温，下午放棚保温。北方温室葡萄可在 5—7 月份实现第一熟。

第二熟开始催芽萌发的时间是在第一茬成熟采摘完 1～2 个月后，如 6 月初第一茬温室葡萄果实采摘完后，可在 8 月初进行二茬葡萄树体的修剪与破眠。第二茬可以不进行休眠，直接在第一茬采摘的基础上，利用上茬培养的营养枝进行修剪与破眠。利用冬芽结二次果技术，就是采用“逼冬芽”的方法，迫使冬芽在第一次果实成熟之后萌发，从而延迟二次果的物候期。该方法适宜选用莎巴珍珠、早玛瑙与香妃等生长期较短的葡萄品种。目前逼迫冬芽萌发的方法主要是施用化学药剂和修剪。第二茬冬芽萌芽后，即可进行常规管理。但要注意 10 月份的早霜天气，下午应及时放棚保温。

1.4.2.2 温室葡萄一年两收技术的要点

（1）注重品种的选择与搭配。温室葡萄一年两收技术是一种高端、高品质的农业技术。用于一年两收的葡萄品种首先应具备“皮薄、肉脆、粒大、味香、丰产”等常规特点，还应具备耐温室弱光、耐高温、对温室栽培环境具有较强的适应性、需冷量较低、连年丰产能力强、经济价值高等特点。温室栽培环境与露地栽培环境的差异明显，使得一些在露地生产中发育正常的生理过程，成为温室内制约葡萄顺利生长发育的关键[5]。弱光、低 CO_2 浓度和高温是温室环境的主要影响因子[6]。弱光与低浓度 CO_2 会降低净同化速率，进而可能减少提供给葡萄成花的物质。高温能使植株受精作用受阻，降低植株的连年成花能力即连年丰产能力，进而影响生殖生长。因此，进行一年两收葡萄品种筛选的关键是保证选择耐高温、耐弱光、需冷量较低、连年丰产能力强，并对温室栽培环境具有较强适应性的品种。在品种搭配方面可结合极早熟、早熟、中熟、晚熟、极晚熟品种，依靠一年两收技术，实现“四季有果、周年采摘”。

（2）抓好头季是前提。葡萄一年两收栽培，互相影响，关联度大。要环环紧扣，合理修剪，适时破眠，科学留芽，调控好营养生长和生殖生长的转换，才能确保成功。一年多次结果其内在基础是要使当年生新梢的冬芽实现花芽分化，再通过适当措施促使其当年萌发，因此要加强葡萄早春管理，尽早缩短萌芽后树体主要依靠上年贮藏营养过渡到主要依靠新生枝叶合成营养的时期，积累更多的有机养分，一方面用于开花坐果，另一方面用于花芽分化。在此基础上，应严格控制产量和叶果比，保持叶片功能和树体活力，为第二季葡萄生产提供良好的基础条件。

（3）要实现两茬丰产，连年优质稳产，必须科学调控树体营养。做好两季葡萄的科学施肥，以施用有机肥为主，努力提高土壤有机质含量，是保持树体健壮，增强抗病能力，提高果品质量，确保果品安全的基础。注重增施磷钾肥，维持叶片功能和提高植株抗寒能力，确保两次果实高产优质。尤其是葡萄第一收结束后，及时开沟施入有机肥搭配氮磷钾肥，以促进树体树势恢复，并为下茬积累营养。光合作用是果树形成产量和品质的唯一途径，而光合作用是一个对外界环境变化十分敏感的生理过程，逆境或者不适合作物生长的环境会使净光合速率降低[7]。在温室条件下，本身覆盖物的遮挡使得温室内光照减弱，影响了果树枝、芽特性及整个树体的生长。加之葡萄的第二熟在秋冬季光照条件最差的环境下进行，使得葡萄叶片大而薄，光合性能低[8]。为此，为保障秋冬季葡萄果实的品质与产量，可在温室内增施 CO_2 气肥来大幅度地提高光能利用率，增加产量，改善品质，并通过喷施尿素增加叶片的含氮量，以提升叶片的光合作用。

（4）针对观光采摘的特点，选用美观、美味且结果特性优良的品种，可以延长观光季节，增加产业效益；结合园地和周边环境，灵活选择栽培架式和整形方式，能突出葡萄的观赏价值，营造文化氛围，增强吸引力，延伸产业链，助农增收。

（5）科学控温　根据各品种需冷量确定升温时间，待需冷量满足后方可升温。葡萄的自然休眠期较长，一般自然休眠结束多在12月初至翌年2月中下旬。如果过早升温，葡萄需冷量得不到满足，发芽迟缓且不整齐，卷须多，新梢生长不一致，花序退化，浆果产量降低、品质变劣。如果升温过晚，品种成熟期推后，达不到预期的经济效益。在北方地区12月份至翌年1月份温室卷帘升温后，要注意天气变化情况，白天及时掀棉被升温，下午及时放棉被保温。在2—4月份，正值北方春季期间，昼夜温差变化幅度较大，应防止中午温室温度过高导致日灼或气灼现象。温室内要及时开风口、风机降温，而15点至16点应及时关风口，放棉被。

温室葡萄一年两收中的第二熟，修剪与破眠基本在7月底至8月初进行，葡萄萌芽基本在8月中下旬开始，此时应注意温室晚上的保温效果。进入9—10月份后，下午及时关闭通风口或放棉被，以防晚上低温对葡萄造成冷害。在元旦、春节期间成熟的第二茬葡萄要经历北方最寒冷的11月、12月与1月，尤其此时会遇到雪天。恶劣天气对温室葡萄生长影响最大，对于冬季不加温的温室，一定要做好雪天温室葡萄的防冻保温工作，及时采取除去温室覆盖冰雪

（图 1-2）、检修温室棚膜与棉被（图 1-3）、温室内搭建小拱棚、加挂厚门帘等措施。

图 1-2　除冰扫雪

图 1-3　温室维护

1.5　温室葡萄栽培的优点

温室葡萄栽培是葡萄生长发育全过程处于温室条件下，通过控制温度、湿度和光照等生态因素，以期提前并缩短栽培周期的一种栽培方式。温室葡萄栽培是一种有着较高经济效益的鲜食葡萄栽培模式。它不仅加快了园艺植物产业化和农业生产现代化的进程，也满足了人们在不同季节对果品的需求。

温室栽培还有诸多优点：①在温室葡萄栽培模式下，葡萄不需埋土防寒就能够安全越冬，不仅有效降低了管理成本，还节省了葡萄上架、下架等管理时间。②温室栽培规避了自然灾害，为葡萄的授粉受精创造理想条件，稳定了果实的品质和产量水平。③在温室栽培条件下，环境相对密闭，病虫害的发生率显著降低，农药的使用量大幅减少，易于高品质葡萄的生产。④温室栽培可以为葡萄的生长创造良好的环境条件，促进花芽分化，提高生长量，使植株提早结果，进而延长鲜果供应期。⑤扩大优良品种的栽培范围。⑥温室栽培能使葡萄反季节上市，不仅弥补了市场水果淡季，满足了消费者的需求，而且其市场价格远高于露地栽培的葡萄，可以获得更高的经济效益。⑦采用温室栽培技术可以扩大鲜食葡萄的栽培范围，使本来不适宜葡萄栽培或在栽培后不能及时成熟的地区能够生产质量较高的葡萄。

第2章

葡萄园选址与温室建造

2.1 葡萄园选址

建园为葡萄生产的开始，科学建园可为高效生产打好基础。根据我国目前葡萄生产实际，建园时要注意立地条件、省工栽培、配套设施的规划、交通便利、防灾避灾。

2.1.1 要注重立地条件

葡萄耐旱、耐瘠薄、抗盐碱，但要进行高效生产，则必须将葡萄园建在最理想的地方。葡萄园最好建在缓坡地（坡度小于5°），地下水位较高（1 m以上），土层深厚（1 m以上），土壤有机质含量高（1%以上），pH适宜（6.5～7.5）的沙壤土上。如园址达不到上述条件，要设法进行改良：土层浅的可拉土垫加，以增加土层厚度；土质黏重的，可采用掺沙或掺灰的方法改良；土壤瘠薄的，要加大农家肥的施用量，以增肥土地。

2.1.2 要着眼省工栽培

随着我国城镇化进程的加快，农业比较效益的下降，农村青壮年劳动力大量流失，葡萄生产中从业者年龄老化问题日益严重，劳动力越来越短缺，劳动者的工资费用越来越高，葡萄生产的投资也在水涨船高，节本省工栽培已成大势所趋，要将方便机械化作业作为一个重要方面，特别是施肥、埋土的机械作业要优先考虑，可通过宽行窄株栽培，为机械化作业创造条件。

2.1.3　要注意配套设施的规划

随着科技的发展，现代葡萄生产的科技含量日益提高，配套设施也越来越多，如传统的堆肥设施、集水窖、沼气池，现代的肥水一体化输送设施、防雹防鸟网及促早或延迟栽培的大棚、温室等，在建园时要进行合理区划，科学布局，将各设施安排到最佳位置或预留出建设用地，防止反复重建，造成不应有的损失。

2.1.4　园址要交通便利

在规模发展葡萄产业时，道路建设要跟进，葡萄园建到什么地方，道路建设要跟进到什么地方，保证葡萄产得下，运得出，促进流通的顺利进行。要防止将葡萄园建在偏僻处，给运输造成不便，导致经济效益上不去。

2.1.5　要注意防灾避灾

干旱、水涝、霜冻、雹灾等自然灾害对葡萄产业的影响较大，在建园时，应将防灾避灾列入重要议事日程，尽可能地将园址选择在旱能浇、涝能排、非冰雹带的地区。在同一地区，避免在低洼处建园，以减轻霜冻危害。生产中，要及时采取措施做好灾害预警。

2.2　日光温室的建造

建造日光温室的主要依据是充分利用太阳辐射热。温室的建造要注意结构严密，保温良好，特别是采光屋面角，后坡与保温墙体连接处，后坡仰角，温室内外保温设备等。结构要坚固耐用，尤其是砖石钢结构，应进行力学分析，防止温室变形。就地取材，尽量降低建筑和生产成本。温室的结构和相应的设备，应符合一室多用的原则，以提高温室的利用率。在葡萄埋土防寒区，温室的建造更应重视墙体的厚度与温室的保温效果。

2.2.1 场地选择

在温室建造中首先要注意的就是场地的选择（图 2-1），要将温室建在最佳的光、热、水、土环境当中，尽量充分利用可以利用的自然条件，并要注意和尽量避免一些不利因素。

图 2-1 温室场地选择

2.2.2 光照条件的选择

光照是温室主要的热量来源及光合作用的能源。因此，温室建造地点要选择在地势平坦、无高大建筑物遮挡、光照良好的平地上，或背风向阳的南坡。

2.2.3 土壤条件

葡萄对土壤条件适应性较强，但最适宜的土壤条件是有机质含量较高的沙壤土和轻壤土。土质偏黏和过分沙性土要采取有效措施将土壤改良成适宜葡萄生长的 pH 为 6.5～7.5 土壤结构之后方可栽植（图 2-2）。

2.2.4 风对温室的影响

近几年来，通过植树造林，植被覆盖率大幅度提高，虽然空气

图 2-2　土壤条件选择

中沙子明显减少，但风力却没有减小。尤其是冬季和春季，西北风特别大，因此发展温室栽培一定要注意地形的选择，同时抓好温室区域周边的防风措施。

2.2.5　社会及经济条件

在温室中生产的葡萄是高档水果。温室葡萄栽培的目标是在不需进行室内加温的条件下，提早到“五一”前后成熟，延迟到春节前后成熟。要适应市场需求和销售条件，应选择在交通方便和开展观光旅游的地方建造温室。此外，温室建设也应相对集中，形成一定的规模，便于基础设施（水、电、路）建设和生产管理。另外，温室栽培虽然效益较高，但一次性投入也相当大，各级政府要从加强新农村产业建设的高度，对葡萄温室建设及栽培给予大力支持。同时要吸引社会投资，争取多方、多渠道投资，开辟温室葡萄栽培新途径。

2.3　温室的规划设计

合理的规划设计是建造温室的重要前提和基础，是实现优质高效的保证。规划设计的步骤如下：首先是进行调查研究，分析当地的有利和不利条件，扬长避短。其次根据栽培目的，确定温室的结构形式，确定栽植规模和总体方案，设计出总体规划图，包括方位、方向、占地面积、单个温室的规格和设计施工图。

高效节能日光温室在投入最小的前提下，能最大限度地利用天然太阳能给室内加温，最大限度地保持室内热量，是在不用人工加温的条件下，使葡萄提早或延迟成熟的日光温室类型之一。葡萄是多年生蔓生植物，喜光喜热。温室设计应保证在冬季有合理光照，保温性能好，经久耐用，便于操作，在有利于葡萄生长结果的同时，最大限度地利用温室内的土地和空间。

日光温室（图 2-3）的建筑参数主要包括采光屋面角、采光屋面形状、后屋面仰角（后坡仰角）、脊高、跨度等（图 2-4）。高效节能温室在设计和建造时，要考虑以下几个方面。

图 2-3　日光温室

2.3.1　温室的方位和坐落

一般温室建造应坐北朝南，并偏西 3°～5° 为好，且不宜与冬季盛行风向垂直。这样的方向采光时间长，光能利用率高。温室建造时应合理掌握前屋面和后屋面的角度，最大限度地接收和利用太阳光。

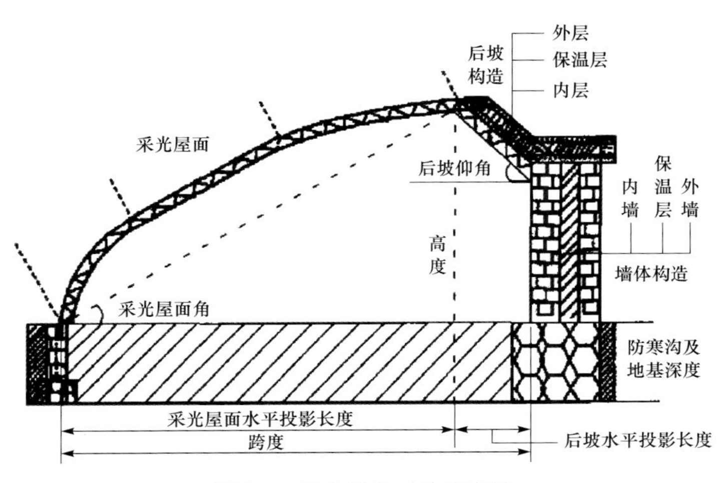

图 2-4　日光温室的建筑参数

2.3.2　温室的高度、长度和跨度

2.3.2.1　高度

空间高度既影响室内增温保温，也影响对流和传导，并直接影响植物的生育。空间小的温室热容量小，受光后升温快，下午降温也快，空气对流和传导能力差，遇寒流及阴天低温时缓冲能力弱，易受冻害。但总的面积较小，容易保温防寒。空间高大不易保温，太高不利于室内保温，太低不利于葡萄生长和操作。一般温室高度为 2.3～3 m，最高不超过 3.5 m。

2.3.2.2　长度

从便于管理且降低温室单位土地建筑成本和提高空间利用率考虑，温室长度一般以 60～100 m 为宜。

2.3.2.3　跨度

在暖温带的大部分地区（山东、山西南部、陕西、江苏、安徽北部、河南、河北、北京、天津和新疆南部等）建造日光温室，其跨度以 8 m 左右为宜；暖温带的北部地区和中温带南部地区（辽宁、内蒙古南部、甘肃、宁夏、山西北部、新疆中部和东部等），跨度以 7 m 左右为宜；在中温带北部地区和寒温带地区（吉林、新疆北部、黑龙江和内蒙古北部等），跨度以 6 m 左右为宜。温室跨度和其高度有关。一般地区高跨比（高度 / 跨度）以 0.25～0.3 最为适宜，因此跨度一般以 8～12 m 为宜。

2.3.3 棚面角度

温室棚面角度是节能高效温室最重要的参数。所以，在建造温室之前一定要严格进行规划设计。最为关键的是地角、棚角和后屋面仰角。

南面棚膜与地面的夹角为地角。根据北京延庆所处的纬度和葡萄生长特点，地角以 60°～75° 为宜，不能低于 60°。

顶部棚膜与水平面的夹角为棚角。北京延庆纬度为 40°～41°，棚角以 23.5°～24.5° 为宜。

仰角也称温室后檐仰角或后屋面仰角，温室的仰角影响温室北侧的光照，同时也影响到温室的保温性能。一般仰角为 26°～30°。

2.3.4 温室间距

温室与温室南北间的距离称为温室间距（图 2-5）。温室间距一般为温室最高处高度的 2.5 倍。低于 2 倍，两温室之间易遮阴，但在坡地或梯田上建棚，间距可适当减小。

图 2-5 温室间距

2.4　日光温室土建工程设计

2.4.1　墙的建造规格要求

日光温室墙体是融蓄热、保温、隔热为一体的温室围护结构，是温室的重要组成部分，对温室内热环境有直接影响。温室北、东、西墙的厚度按一年最低气温时的冻土层厚度来确定。

当冻土层厚度＞80 cm 时，埋土防寒区墙体的厚度应为 100～150 cm。同时应采用空心墙体，空心宽不低于 12 cm，添加保温材料。保温材料有炉渣、珍珠岩、聚苯板等。一般温室墙体厚度应为当地冻土层厚度加 30 cm，若空心层内添加聚苯板等隔热材料，墙体厚度可适当减小。有研究者提出红砖墙的厚度至少应保证 0.36 m，建议使用 0.10 m 厚度的聚苯板作为日光温室墙体的隔热材料。近几年有建半地下温室的，其保温效果更好。

2.4.2　通风设置

通风是影响温室内环境的一个主要因素。温室通风技术可以使温室内部与外部之间进行能量交换，从而有效地控制温室的温度、湿度、CO_2 浓度，满足温室内作物的生长需求。在温室后墙安装风机是常用的通风设置（图 2-6），风机距地面 1.6～1.7 m，间距 15 m 一个。

图 2-6　温室风机

2.5 温室建造方法

温室建造的总体要求是合理、耐用、节约。

2.5.1 放线

按设计图纸要求，实地勘测确定温室长、宽和建设方位，撒上白线，做好施工标记，在此基础上规划东、西、北三面墙体的基线（图 2-7）。

图 2-7 放线

2.5.2 开槽砌墙体

按墙基线宽度在东、西、北三面开槽，地基深 50 cm，宽 70 cm，沟底夯实后，用砖或石块砌墙基与地面相平（正负零）。地基砌好后上面覆一层与墙同宽的防潮水泥，防止地下潮气上升，并防止地面上空心墙和墙体中的填充物受潮。然后从地面开始（正负零）砌空心墙。以空心为界，温室一边的为内墙，空心外边为外墙，两者各 24 cm，空心层宽 10～12 cm。砌墙时每隔 2～3 m 在空心上加一横砖来连接内外墙体，以增加后墙坚固性，防止倒塌。中心夹层用蛭石、珍珠岩填充压实。近年来，多采用 10～12 cm 厚度的聚苯板填充（图 2-8）。当后墙砌至地面上 80 cm 时，在后墙上东西每

图 2-8　开槽砌墙体

图 2-8 开槽砌墙体（续）

隔 3 m 留一高、宽均为 24 cm 的通风窗口，后墙总高 2.5 m，温室总高度 3 m。后墙砌到 1.8 m 时，把内墙与空心用四层砖封严，然后外墙继续向上砌 30 cm，即可封顶。

东西两边的山墙要与后墙同时砌成，注意墙体要结合紧密。东西两墙与地面垂直砌到 1 m 高时按 20° 角向上错砖砌成。在东西两侧建 10 m^2 的过渡间，与温室相连。墙砌好后，在外墙外侧用白灰或草泥抹 1 cm 厚的保护层，增加墙体抵御寒风的能力；北、东、西三面的墙体用水泥和沙抹平并涂白，保持墙体有较强的反光、吸热和散热能力。

2.5.3 搭后檐

后檐（图 2-9）是放置保温草帘的地方和通道，同时又是连接前棚面和后墙体的接合处，并有重要的保温作用。最长的后檐为 2.5～3 m，后檐短的为 1.0～1.7 m，故温室又有矮墙长后坡与高墙短后坡之分。后檐虽有保温作用，但檐头是遮阴点，坡越长、仰角越小，遮阴面积越大，长后坡与短后坡相比，前者日温偏低，夜温偏高。因此，后檐长度必须适当。

图 2-9　温室后檐

2.5.4　挖防寒沟

防寒沟可减弱温室内热量向外横向传导，对延缓夜间温室内温度下降效果明显，因此设置防寒沟十分必要。可在温室外前底脚外侧挖宽 30～40 cm，深 50～60 cm 的沟，沟内填干草，上面覆盖黏土踩实。防寒沟要求设置在温室四周 0.5 m 内，以紧贴墙体基础为佳。防寒沟如果填充聚苯板，聚苯板厚度以 5～10 cm 为宜，如果填充秸秆杂草，秸秆杂草厚度以 20～40 cm 为宜。防寒沟深度比当地冻土层深 20～30 cm 为宜。

建造半地下式温室即温室内地面低于温室外地面可显著提高温室内的气温和地温，与室外地面相比，一般以将温室内地面降低 0.5 m 左右为宜。需要注意的是，半地下式温室排水是关键问题，因此夏季雨水多的地区不宜建造半地下式温室。

2.5.5　覆膜与放保温帘

2.5.5.1　棚膜的选择

在葡萄温室栽培中必须重视棚膜的选择。因为在冬季和春季室外寒冷的条件下，温室内主要的热源、光源是太阳光，而太阳光的光线和热量是通过棚膜进入温室内的，棚膜的质量和性能直接决定着温室的光照和热量状况。而棚膜的成分、含量、构成等物理、化学因素也对温室空间内生态环境产生一定的影响，从而影响温室内葡萄的生长和结果，因此，棚膜的选择对温室葡萄栽培具有重要意义。

温室棚膜总的要求是要有良好的透光性，保温，无漏、无毒，牢固，轻便，易造型。目前葡萄温室栽培生产上应用的塑料棚膜主要有聚乙烯棚膜、聚氯乙烯棚膜和乙烯 - 醋酸乙烯共聚物（EVA）棚膜三大类，其中以乙烯 - 醋酸乙烯共聚物棚膜综合性能最佳。此外，还有聚乙烯多功能复合膜与有色膜[9]。

2.5.5.2　棚膜宽度和长度

宽度：温室前棚面的宽度加 60～80 cm，就是所用棚膜的宽度。

长度：东西棚面长加 80 cm 以上。

2.5.5.3　保温帘的选择

在温室葡萄栽培中，除覆盖透明材料外，为了提高温室的防寒保温效果，使葡萄不受冻害，还要覆盖保温帘，如草苫、保温被等。温室的覆盖保温与利用太阳光能加温同样重要。良好的保温措施能使白天接受的日光能（热量）得以蓄存，使温室内热量降低的速度变慢。这对在冬末春初寒冷的气候条件下进行的延迟和提早栽培更为重要。据测量，温室中白天接受的日光能热量，其中 80% 由棚面在夜晚向外辐射、传导。所以在做好其他方面保温工作的同时，一定要做好温室外保温工作。尽量减少或延缓室内热量向外辐射。保温帘一般有草苫、草帘、保温被。现在多采用保温效果好且经久耐用的无纺布帘。

草苫、草帘是用稻草、蒲草或芦苇等材料编织而成的。草苫（草帘）一般宽 1.2～2.5 m，长为采光面之长再加上 1.5～2 m，厚度为 4～7 cm。盖草苫一般可增温 4～7℃，但实际保温效果与草苫的厚度、材料有关，蒲草和芦苇的增温效果相对好一些。草苫制作简便，成本低，是当前温室栽培覆盖保温的廉价材料，一般可使用 2～3 年。

在寒冷地区或季节，为了弥补草苫保温能力的不足，进一步提高保温防寒效果，可在草苫下边增盖纸被。纸被是由 4 层旧水泥袋或 6 层牛皮纸缝制成的和草苫大小相同的覆盖材料。纸被可弥补草苫缝隙，保温性能好，一般可增温 5～8℃，但冬春季多雨雪地区，易受雨淋和化雪而损坏，在其外部包一层薄膜可达到防雨防雪的目的。

保温被一般由 3～5 层不同材料组成。外层为防水层（塑料膜或镀铝反光膜等），中间为保温层（旧棉絮或纤维棉或废羊毛绒或工业毛毡等），内层为防护层（一般为无纺布，质量高的添加镀铝反光膜以起到反射远红外线的作用）。其特点是重量轻，蓄热保温性高于草苫和纸被，一般可增温 6～8℃，在高寒地区增温可达 10℃，但造价较高。如保管好可使用 3～4 年。缺点是中间保温层吸水性强。针对这一缺点目前已开发出中间保温层为疏水发泡材料的保温被。

第3章

葡萄对肥料的需求与施肥

3.1 葡萄对肥料的需求

肥料是农用土壤不可或缺的物质，也是保持农作物产量的基础。作物的生长离不开营养元素，而土壤本身所含的能为作物直接吸收利用的营养元素的有效成分比较少，所以需要以肥料的形式补给，以供作物利用。施肥对土壤物理性质的影响主要是影响土壤孔隙度、团聚体结构，从而影响土壤容重。施肥可以改变土壤微生物环境和酶环境，特别是施用有机肥，有利于提高各种土壤酶含量。

果树和其他作物一样，至少由40种元素组成，必需的元素有16种。果树在生长过程中需要的元素分大量元素和微量元素。微量元素在树体内含量极少，但缺乏它们会导致果树生理机能的失调甚至死亡。营养元素是果树健康生长、产量形成及品质提高的基础，其含量水平体现了果树在某些时期对营养元素的吸收及需求状况。果树不同部位、不同时期其含量不同，作用也不相同，在生长期内规律变化[10]。葡萄产量和品质受肥料施用方法和施用量的影响。葡萄在生长过程中对氮、磷、钾的需要量最大。氮、磷、钾是葡萄"营养三要素"，也是葡萄生长周期中需求量最多的三种养分元素。葡萄的施肥量根据葡萄植株需要的营养元素量、天然供给量来确定。氮一般占吸收量的1/3左右，磷占1/2，钾占1/2。葡萄植株对肥料的利用率，氮约为50%，磷约为30%，钾约为40%。

3.1.1　氮

氮素被称为“生命元素”，是葡萄必需的矿质营养元素之一，也是葡萄需求量较大的营养元素之一。氮是构成蛋白质的主要成分，而细胞质、细胞核和酶都含有蛋白质，所以氮也是细胞质、细胞核和酶的组成成分；氮是组成叶绿素的重要元素，植物叶片含氮量的高低与光合速率有密切关系；氮还是维生素、植物激素、生物碱及生物能量代谢物质的组成成分。当氮肥供应充足时，植株高大，分蘖（分枝）能力强，枝繁叶茂。

氮与葡萄枝叶生长和产量形成关系密切。适量供氮使幼树枝叶繁茂，树体生长迅速，并促使成年树的芽眼分化和萌发。葡萄生长前期需氮量较大，一直到果实膨大期都保持大量吸收，进入着色期后，枝叶对氮的需要量减少，只有果穗中含氮量增加，这种增加是叶片和老组织中的氮向果穗中转移的结果。果实成熟后枝、叶、根等的氮含量升高有利于贮藏养分的蓄积。采收后，养分在叶片中相对积累，但增加趋势不同，氮的增加趋势最明显，同时养分也开始向根、茎转移，但由于采果后正处秋季，光热条件充足，叶片继续生长，不断制造养分，因此，在葡萄采收后，结合施基肥可以适当施一些速效氮肥，对后期叶片的光合作用和树体进行营养积累和恢复树势有一定好处。

氮肥多在葡萄萌芽期、果实膨大期以及葡萄成熟后期施用。氮肥的施用以尿素或高氮复合肥为主。氮肥施用量按品种等具体情况确定，一般亩施尿素 5～10 kg 可供应葡萄新梢生长和开花坐果的养分，促进根系生长，花蕾细胞分裂[11]。

3.1.2　磷

磷是构成细胞核、磷脂和原生质等的重要成分之一，积极参与植物的呼吸作用、光合作用和促进多种酶的激活，调节土壤吸收氮的过程。磷素在糖类、蛋白质和脂类代谢中起重要作用。磷能促进葡萄糖的运输和积累，有助于促进细胞分裂和幼叶、新根的生长，促进花及芽的尽早分化，促进花器官和果实发育，增加产量，增加果实中可溶性总糖含量，降低总酸度，进而提高果实品质。此外，磷还可以提高葡萄对外界环境的适应性。

葡萄对磷的需求相对较少，是三要素中需求量最少的。磷肥能促进葡萄须根的形成和生长，加速葡萄对水肥的吸收利用，增强抗旱抗寒能力。及时适量的磷肥供应还能促进花芽分化，使果实成熟加快，着色好，耐藏。磷还能促进糖分的积累，使果实中糖酸比增加，从而提高果实品质。如果用于酿酒葡萄，还能改进葡萄酒的风味和品质。当磷肥不足时，容易引起落花落果和“小叶病”；磷过量时，影响植株对铁、硼、锌、锰的吸收。

磷肥多在葡萄的新梢旺长期、果实膨大期施用，可亩施过磷酸钙 20～35 kg，以促进植株的生长，促进果实发育[12]。

3.1.3 钾

钾参与碳水化合物的形成、积累与运输，还能促进果实糖分代谢，增强植株抗病虫害的能力。葡萄是“钾质作物”，对钾的需求量最多。研究证明，施用充足的钾肥时，可显著提高葡萄的可溶性固形物含量、含糖量和产量，并能降低青果率，提高植株的抗寒性、抗病性。钾不足时，叶片颜色变淡，严重时影响果实品质。

钾肥多在葡萄的生长后期施用，如果实膨大期、转色期与成熟期。一般可亩施硫酸钾或高钾复合肥 10～20 kg，促使果粒继续膨大，提高含糖量及果实品质[13]。

总之，氮、磷、钾三元素在葡萄植株不同部位的含量与需求时期不同。氮的含量以叶片最高，其次为新根、新梢。磷的含量以新根最高，叶片和新梢次之。钾的含量以果实最高，其次是叶片、旧梢。氮的积累量以叶片最多，果实次之。磷的积累量以果实最多，叶片次之。钾的积累量以果实最多，可占全植株吸收量的 70% 以上。

3.1.4 镁

镁是植物生长发育所必需的营养元素之一。植物对镁的吸收量比钾、钙少，但多于铁、锰、硼、锌等微量元素。镁对植物具有重要的生理功能。镁作为叶绿素的中心原子对植物光合作用产生影响。植物体内时刻进行着各种生理代谢活动，几乎所有的代谢过程都需要镁离子来调节和活化酶促反应。镁是植物体内多种酶的活化剂，影响蛋白质的合成，影响活性氧代谢等。葡萄植株需镁较多，葡萄的光合作用、磷的转化、果胶物质及维生素等的生成、消除钙过剩的有害影响全都离不开镁的参与。适量供镁能够促进葡萄新梢、叶片、根生长，稳定器官结构。随着镁素处理浓度增高，葡萄新梢生长、叶面积、比叶重以及干重，以及根系活力、鲜重及干重均呈先升后降的趋势。葡萄植株大部分镁吸收集中在花序生长期至果粒增大期，果粒增大期前叶片和叶柄中蓄积的镁多量转移到果内，所以葡萄生长前期注重镁肥施用对于葡萄生长发育非常重要。

镁素的营养临界期在生长前期，因此在植物生育早期追肥效果较明显。水溶性镁肥一般建议表施。叶面喷施浓度为0.5%～1.0%的 $MgSO_4 \cdot 7H_2O$ 溶液可显著提高叶片含镁量，有效矫正缺镁症状，但不持久，应连续喷施多次。还可穴施硫酸钾镁，将施肥量控制在0.6～1 kg/株[14]。

3.1.5　钙

钙是植物生长必需的营养元素。钙能抑制多聚半乳糖醛酸酶（PG）活性，保护细胞中胶层结构，减少细胞壁的分解作用，推迟果实软化，所以合理施用钙肥能防止中胶层解体，延缓果实衰老。同时钙在调节多种胞内酶活性和调节果实品质方面也起着重要作用，施钙后由于碳水化合物合成加快，增加了营养物质积累，提高了内容物的含量，因此果实品质得以提高。果实中合适的钙浓度可以保持果实硬度，降低呼吸速率，抑制乙烯产生，因此施钙可延长果实贮藏寿命。

钙肥虽然是一种中量营养元素，但是易被土壤中的钾、钠、铵、镁拮抗，不易进入植物根内。钙在葡萄叶片中含量变化呈现为不断上升的趋势，而在果实中则表现为不断下降的趋势。由于葡萄树体从开始萌芽至果实成熟期时不断吸收钙，使叶片中钙含量不断增加，而由于钙转移性较差，钙主要集中在叶片中而并未向果实中转移。

果实中钙含量主要来自果实发育初期钙含量的积累。在幼果期施钙可以有效提高果实中的钙含量。果树施钙可采用土施、茎干注射、喷施或浸果等方法进行，由于钙液喷施效果好、操作便利，果树生产上应主要推行钙液喷施进行补钙。

喷果穗和喷叶片是有效的补钙手段。增施有机肥，可改善土壤通透性，提高土壤含氧量，是葡萄补钙的根本。施钙肥的第一种措施是钙肥与基肥一起施用，葡萄采果后，每亩施用有机肥700～1 000 kg的同时，加入50～100 kg钙镁磷肥。另一种是采用分期根外追肥的方式，在葡萄谢花后5～7天内，使用1.5%氯化钙溶液喷施，并在7天后用相同浓度再喷施一次，这种补钙方式对预防葡萄日灼效果显著；果实转色初期是葡萄对钙的敏感期，此时，叶面喷施2.0%硝酸钙溶液，可促进葡萄果实果粉的生成及预防裂果，并满足葡萄对钙的需求高峰[15]。

不同生育期施肥比例对葡萄叶片矿质元素含量的影响表现为：在叶片的周年生长过程中，氮、磷、铜元素呈现下降趋势；钾、硫呈现先上升后下降；钙、镁、锰、锌、钠呈现上升趋势；硼与铁呈现波动式变化。在果实中矿质元素变化表现为：氮、钙、镁、硫、锰、锌、铁呈现为下降趋势；磷呈现先下降后上升的趋势；钾、硼、铜则呈现上升趋势。

3.2 合理施肥

合理施肥是提高果树产量和果品质量的关键。施肥是葡萄栽培中投入最多的环节之一，也是相对来说较难管理的工作之一。我国果树施肥通常采用地面施肥、树上喷肥、树干涂肥、输液施肥等方式。

3.2.1 施肥方法

采用地面施肥具有机械化程度高、容易操作等特点，在果树栽培过程中被果农广泛采用。地面施肥主要有沟施、穴施、辐射状施肥、撒施等方式。根系的分布具有向肥性，不同施肥方式会影响根系的空间分布以及数量，从而影响对土壤养分的吸收与利用。同时，果树不同生育期对营养元素的利用情况也有差异，施肥方法也应有所不同。

沟施：在距离葡萄主干 40～50 cm 外的位置，沿栽植沟挖宽 40～50 cm、深 40～50 cm 的条状沟将肥料施入，具体深度与宽度需因地制宜。采用此种方式施肥操作简单，适宜于宽行密株栽植的果园，便于机械化作业，在大面积施肥时效率极高，但是对果园的要求较高，需地面平坦、条沟作业与流水方便。成年果树施肥多采用沟施（图 3-1）。

图 3-1　温室开沟施肥

穴施：在距离葡萄树干 30～40 cm 位置处，环状挖穴 3～5 个，将肥料施入（图 3-2），穴直径 30 cm 左右，穴深 20～30 cm，具体深度与直径需因地制宜。此种方式操作简单，可减少肥料与土壤的接触面，避免被土壤固定，适用于保水保肥力差的干旱地区，适宜在幼果期和果实膨大期追肥时使用，但是穴施的施肥面积相对较窄，根系对肥料养分的吸收利用会受到限制。

图 3-2　挖穴施肥

辐射状施肥：在距果树主干一定距离处，顺水平根生长方向，呈放射状挖 4～6 条宽 30～40 cm、深 20～50 cm 的施肥沟，将肥料施入，具体深度与宽度需因地制宜。此种方法可增大肥料与土壤的接触面积，伤根较少，更有利于根系对养分的吸收利用，但是开沟较为费时，人工成本较高。采用此种施肥方式应隔年隔次更换开沟的位置，并逐年扩大施肥面积，以扩大根系吸收范围。

撒施：把肥料均匀撒在葡萄种植沟内，然后把肥料翻入土中，具体深度与宽度需因地制宜，一般翻土深度为 20～30 cm。全园撒施后配合灌溉。此种方法施肥面积大，有利于根系对养分的吸收，适用于成年、密植果园，但是撒施的深度相对较浅，容易诱发果树根系上浮，降低根系的抗逆性。可与其他施肥方式交替使用，充分发挥施肥效益。

3.2.2 葡萄施肥

葡萄施肥可分为基肥和追肥。

3.2.2.1 基肥

葡萄施用基肥的时间一般是在 9 月底到 10 月中旬，这时葡萄刚刚采收完，植株养分耗尽，树势较弱，需要通过施基肥来补充足够的养分，用于恢复树势和抵抗严寒，所以基肥的施用量一般很大。

3.2.2.2 追肥

葡萄追肥大致可分为土壤追肥（图 3-3）和根外喷肥。一般以土壤追肥为主，配合叶面喷肥。叶面喷肥是一种经济有效的施肥方法，一般结合喷药进行，施肥时间一般选择在晴朗的傍晚或早上，特别是在傍晚，因气温较低，溶液蒸发较慢，叶片吸收旺盛，肥料易被吸收进入植株体内。在炎热干燥或多风阴雨的天气不宜喷施，易造成肥料的浪费。试验表明，每年给葡萄喷叶面肥 4～6 次，可增产 18%～25%，糖度可提高 1.6%～3.4%。葡萄的追肥是根据其生长时期和发育情况来定的，通过适时补充一些不同性质的肥料，来满足葡萄在各个生长时期对营养元素的要求。一般在生产中，每年追肥 2～4 次，最多不超过 4 次。在根系快速活动前（即萌芽期）进行第 1 次追肥，以氮肥为主，适当配施磷钾肥；落花后，幼果开始生长（进入硬核期），可进行第 2 次的追肥，仍以氮肥为主，适当配施磷肥和钾肥；枝条开始老熟，果实开始着色，可进行第 3 次追肥，主要以磷、钾肥为主，适当施氮肥或者不施；果实采收后，为了恢复树势，增加根系营养，抵抗严寒，可进行第 4 次追肥，以氮、磷、钾肥混合施用，也可不追肥，通过施基肥来补充。

根外追肥可节省肥料、见效快、对肥料的利用率高，操作方便，可作为基肥的一项补充措施。研究证明，氮素以尿素、磷肥以磷酸铵、钾肥以磷酸二氢钾最为理想。常用的浓度是尿素 0.2%～0.3%，磷酸铵 1.0%，磷酸二氢钾 0.2%～0.3%。另外，还有硼酸、硼砂、磷酸镁、硫酸锌等微量元素肥料，浓度为 0.2% 左右。特别指出的是在开花前 14 天左右，喷施 1 次硼肥，有利于改善花器营养状态，提高

图 3-3　追肥

坐果率；盛花后期喷施硫酸锌可减轻果实大小粒现象；坐果后至浆果成熟前，喷施磷、钾肥 3～4 次，对提高浆果品质和促进新梢成熟有良好作用。

3.3　温室施肥注意事项

基肥一般采用全园沟施的方法。在距葡萄植株 50 cm 外开沟，沟宽40～50 cm，深40～50 cm。沟挖好以后，将发酵好的粪肥或者其他有机肥施入沟内，也可加入一些肥效较快的有机或无机肥料，如过磷酸钙、硫酸钾、尿素等，表面盖好土，浇一次水，加快肥料的腐熟作用。在肥料还没有完全发酵好之前，不要施入沟中，以免烧根和产生有毒气体。

在温室内追肥应以复合肥沟施为主，不应追施硫酸铵、碳酸氢铵等速效氮肥，以免产生有毒气体。施硫酸铵后硫酸根残留在土壤中，长期施用容易引起土壤酸化、板结。在温室葡萄生长前期追施尿素、硝酸铵时应注意少量沟施和放风排气。在温室葡萄生产中，一般不在土壤中追施氯化铵和氯化钾，以避免氯离子残留在土壤中，引起土壤盐碱化，毒害葡萄。追肥后应立即灌水，以免肥料烧伤根系。

科学施肥要根据葡萄园实际情况，合理掌握。土壤肥力差的比土壤肥力好的适当多施，保肥力差的沙性土比保肥好的壤土适当多施，沙性土要增施有机肥料。丘陵、山区的土壤有机质含量较低，保肥性能较差，应多施有机肥，化肥一次用量不宜多。树势生长较弱的园应比生长健旺的园适当多施，挂果量多的适当增施膨果肥。同种有机肥料，因含氮量不同，要根据肥料质量合理掌握施肥量。

第4章

温室葡萄栽培架式与整形

葡萄的架式、树形、叶幕型及修剪之间既有区别又紧密联系。一定的架式要求一定的树形，一定的树形决定一定的叶幕型，而一定的树形则要求一定的修剪方法来实现。由于不同架式、不同树形葡萄枝条的生长姿势不同，从而影响葡萄枝条的生长发育，枝条直立生长则生长迅速，枝条水平生长则生长缓慢。不同的叶幕型由于叶幕中光照分布的差异，导致了叶幕微气候的不同，进而影响葡萄群体对光能的利用。因此，在温室栽培条件下，将架式、树形、叶幕型及修剪技术科学合理地结合在一起，建立高光效的树体结构，对于控制温室葡萄枝条徒长，充分利用温室内的光热条件，发挥葡萄群体光合能力，提高温室栽培的生产能力有着非常重要的意义。

4.1 温室葡萄的栽培架式

架式构建是葡萄栽培的一项重要的技术。适宜的葡萄架式与树形都有利于葡萄产量的形成、浆果质量的提高和便于田间管理。架式和整形方式调整树冠内光照分布，调节叶幕内的微气候，改变叶片光合面积和光能利用率，调节营养生长与生殖生长之间的关系，影响果实着色、含糖量、酚类物质的积累及风味物质的形成，影响连年稳产丰产能力和树体冬季的抗性。

不同架式的葡萄植株对应不同的叶幕光热微气候，使不同架式之间葡萄叶际和果际微生态条件产生很大差异。棚架栽培较篱架栽培不仅具有较高的产量，而且果实可溶性固形物含量、糖酸比以及单宁含量均高于篱架栽培。

温室栽培因为不需要下架防寒，因此架式比较灵活，可根据品种特性和温室结构类型来确定。我国各地栽培葡萄使用的架式很多，基本上可以分为篱架和棚架。篱架又分为单篱架、双篱架、“Y”形架[16]（图 4-1）。篱架的特点是单位面积内栽植密度大、前期丰产性能好，而且果实品质佳，后期树体老化、产量低、质量差。棚架则能适应温室内高温、高湿、光照不足的特点，而且能缓和植株徒长现象，但前期产量较低（图 4-2）。由此产生了篱棚架。它兼有篱架和棚架的优点，既适时满足了葡萄向前生长所需要的宽阔架面，又可避免前期棚架闲置和推迟投入建立棚架的费用，缓解建园的投入压力。

温室葡萄由于覆盖材料的弱光效应和枝叶间遮光作用的双重影响，使棚架和篱架两种树形结构在弱光胁迫环境中表现出明显不同的光合结构特征。平顶棚架的枝条分布均匀、水平，缓解顶端优势，

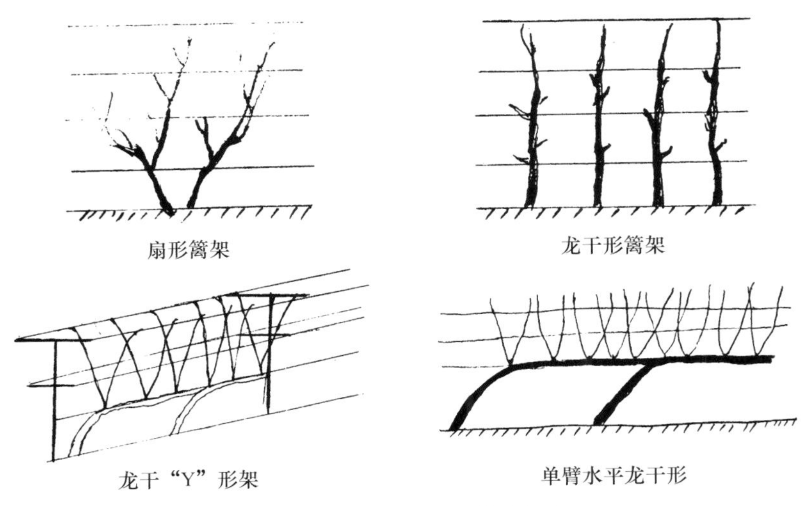

图 4-1　温室葡萄常见栽培架式

独龙干形

单干双臂“T”形

图 4-2　温室葡萄棚架栽培架式

缓和生长强势，夏梢萌生率低，叶幕形状好，叶部病害轻，枝梢健壮；同时，枝条水平分布的棚架形树冠各部位受光充足而均匀，叶片的光合组织结构和叶绿体超微质膜结构发育正常，都有较多的淀粉粒等贮藏物积累，从而促使一年生枝蔓基部萌芽充实、饱满，可为葡萄的产量增加和品质提升奠定基础。但篱架下部因受光不足使叶片光合组织结构和叶绿体超微质膜结构明显退化，淀粉粒等贮藏物积累极少。而且，相关研究表明在篱架葡萄中检测到的香气物质要比棚架葡萄中检测到的香气物质少。由此说明，温室葡萄从长期效益上来看并不适合篱架栽培，而应采用棚架形整形方式。

4.2　温室葡萄的整形方式

葡萄的整形，也称整枝，是指在一定架式要求下，将葡萄枝蔓整理成一定形状并合理分布在相应架面上的枝蔓管理措施。通过整形修剪，可以有效地调节葡萄植株营养生长与生殖生长的平衡，使其枝蔓充分利用生长空间，合理有效地利用光能并进行光合作用，从而能较长时间地保持稳产优质的生长状态，延长经济栽培年限[17]。

整形方式对葡萄产量和品质的影响主要是通过夏季的叶幕来实现的。不同整形方式通过改变叶幕几何特征来改善叶幕微气候条件，以提高叶片光合能力并提高生产潜力。整形方式对果实糖酸含量的影响，通过改变叶幕结构的叶果比以及达到叶片的平均相对光强来实现。

各种整形方式均具有其相应的优点，如规则扇形整形，各主蔓生长均衡、加粗较慢、结果部位稳定，主蔓更新较容易以及便于埋土防寒；“Y”形整形由于叶幕开张而受到充足的光照，可有效提高光合效率，且其主干较高，结果部位一致性好，便于管理，植株通风透光性增强，病害发生率低；与扇形整形相比，龙干形整形通风透光性好，不易造成架面郁闭，其结果母枝多采用短梢修剪，便于操作，结果部位不易外移；“干”字形整形架面利用率高，产量有保证，架面较整齐，结果枝组易更新，上层树体结构发生损伤时，可由下层进行及时修复和弥补；具有“高、宽、垂”整形产量较大、病害轻、易管理等特点。至于采用何种整形修剪方式还需结合葡萄品种、立地条件、管理方式以及果品用途正确进行选择。对生长势较强的葡萄品种，适宜采用负载量较大的整形方式，避免其新梢徒长；而对于生长势较弱的葡萄品种，则适宜采用负载量较小的整形方式，使其尽快稳定地得到丰产。

整形方式是葡萄重要的栽培管理技术措施之一。它能平衡树体的营养生长和生殖生长，提高果实产量和果实品质。温室中由于光照条件差，叶片功能下降，必须采用合理的架式结构来提高光合效率。合理的树形不但能满足葡萄正常生长发育的需求，还能使葡萄提早进入结果期，提高葡萄的产量和品质，延缓树体衰老，延长温室葡萄的经济收益年限。

葡萄的整形方式与生长期的叶幕型是有区别的。不同的整形方式，相同的叶幕形状，其生产性能相近；反之，相同的整形方式，不同的叶幕形状，其叶幕微气候条件有差异，生产性能也不同。

同一品种在相同立地条件下，整形方式对产量的影响极大，扇形整形的果穗平均重和全株穗数最少，因而产量最低。“干”字形整形的株产量高。温室内篱架葡萄常采用多主蔓扇形、“干”字形、“丁”字形以及单臂直立式整形、单臂水平式整形、双臂水平式整形等。棚架大多采用独龙干或双龙干整形。

第5章

温室环境特征及调控

5.1 温室温度特点及其调控

温室是一个半封闭型栽培环境，在秋冬和冬春反季节栽培中优势明显，为反季节条件下的水果生产供应和能源利用发挥了重要的作用。

温室葡萄的生长发育进程明显受到温度的影响。温度是温室环境调控的主要环境因子，以秋冬栽培和冬春栽培季为主要调控季节。12月份、1月份、2月份三个月内，温室内空气日均温度都在15℃以下。11月份、12月份、1月份10 cm土层土壤温度为20℃以下，1月份10 cm土层土壤温度甚至在15℃以下。温度较低，影响作物的生长发育，甚至会引起根的生理机能衰退、生育不良等。

一天中葡萄对于温度的要求是不断变化的。变温管理是提高光合速率、提高干物质积累、减少呼吸消耗的有效手段。目前，温室促早栽培管理以增温为主，在满足葡萄对较高温度的要求下，进行变温管理是实现温室高效栽培的有效手段。温室内暖炉升温、增施有机肥和堆厩肥、适当选择温室覆盖物的材质，以及适时开关风口和揭盖棉被都是实现增温和变温管理的主要措施。

温室的气温调控主要分增温和降温两个方面。要增加温室的温度，关键是温室的设计和建造、建筑材料的选用和保温设备的应用管理。从使用过程来看，应适时揭盖棉被、保持膜面清洁、增加内外覆盖保温措施、及时修补破损的膜口、尽量减少人员频繁地出入等。降温或维持一定温度水平的主要手段是适时放风。温室春季生产的后期，在可以彻夜放风和开风机的情况下，夜间浇水也是降低地温和气温的一种方法。

5.2 温室湿度特点及其调控

湿度是影响温室内病害发展的关键因素，也是影响温室空气温度的重要因子。对于温室内的湿度调控，白天因温度高、光合作用强，湿度可稍大；傍晚温度下降，则要降低湿度。相对湿度一般控制在60%～80%。空气湿度大是温室环境的一个显著特点，高湿对大多数果树的生长发育是不利的，常会引起多种病害发生或蔓延。夏季温室葡萄管理，在降低湿度方面，可采取彻夜放风和开风机的方式。温室冬季生产时，采取早晨放风降低空气相对湿度的做法是不可取的；比较正确的做法是密闭温室，尽快提高室温，空气的相对湿度自然就降下去了。

5.3 温室内光照变化及其调控

温室光照条件的特点之一是光照量不足，室内光照一般为自然界的70%左右。在薄膜老化的情况下，光照只有外界的50%左右。温室是在一年之中光照最差的季节进行生产，加上太阳光透过薄膜后的损失，更加剧了光照不足。温室里光照条件的第二个特点是分布不均，具有前强后弱、上强下弱的变化规律。不同天气条件下，室内总辐射差异显著。晴天温室内光照强度与太阳高度角有关，阴天与透光材料的透过率和室外太阳辐射照度有关。温室内的太阳辐射强度是影响果树光合作用、干物质生产及产量的关键。在外界天气状况一定的前提下，温室的覆盖物和后坡仰角的大小决定了温室的透光率和透光强度。长时间弱光照射则造成植株发育受阻，干物质积累量大大减少，产量下降，品质降低。后坡过宽容易造成靠近温室后部的葡萄光照时间短、光照强度低，引起产量下降，品质降低。目前生产上采取了多种多样的补光措施，提高透光率：设计合理的温室方位角、采光角；盖无滴膜；改进骨架结构，以减少后坡遮阴面；张挂反光膜；减少株间遮阴；增加光源（用于增加光合作用的光源，采用高压钠灯、金属卤灯为好；用于延长光周期的灯源，采用白炽灯为好）。

5.4　温室内气体变化及其调控

二氧化碳（CO_2）是植物光合作用的重要元素，对植物生长发育起着重要作用，CO_2 供给不足会直接影响植物正常的光合作用。由于温室的密闭性，温室内的 CO_2 浓度经常低于大气中 CO_2 的浓度，尤其是在初春、深秋以及冬季，植物经常处于 CO_2“饥饿”状态，严重影响植物的产量和品质。

CO_2 气体在温室中呈现一定的变化规律。温室夜间植物的光合作用基本停止，而土壤中有机质分解及植物呼吸释放，使温室内 CO_2 浓度升高，一般在早晨日出前温室内 CO_2 浓度达最高值随着日出后光照强度及温度的增加，植物的光合作用增强而大量消耗 CO_2，使温室内 CO_2 浓度迅速降低，一般在 10：30 前后达到最低点，而此时温室内的温度、光照条件都比较适宜，植物的光合作用应是一天中比较强的，CO_2 浓度却远远不能满足需要，成为提高植株光合作用的主要限制因子。

在冬季密闭的温室中，为保持有一定的室温，就不能大量通风换气，而白天太阳出来以后，葡萄要进行光合作用，吸收 CO_2，导致温室内 CO_2 浓度降到临界值。如果 CO_2 不能及时补充进来，葡萄就会因缺少 CO_2 而停止光合作用，长时间势必影响葡萄的产量和品质。实践证明，缺少 CO_2 已成为温室葡萄增产的重要限制因素之一。自然界中 CO_2 浓度不能满足温室葡萄进一步提高产量的需要。因此，人工补充 CO_2 是实现温室葡萄高产稳产的重要措施，必须在温室生产中增施 CO_2 气体肥料[18]。目前，通过施用 CO_2 气肥的方法来调节温室的 CO_2 浓度。温室常采用吊袋式 CO_2 施肥法[19]。

袋装 CO_2 气肥产品由粉末状的发生剂和缓释催化剂组成。温室内施用 CO_2 气肥可显著提升葡萄的果穗重、果粒重、果粒横纵径与叶片厚度，在物候期方面，CO_2 气肥能使葡萄的成熟期提前 10 天左右。CO_2 气肥的施用可提高植物叶片叶绿素含量和光合速率。此外，施用 CO_2 气肥还增进了碳同化，使葡萄体内糖分积累，从而在一定程度上提高了葡萄抗病能力，气孔导度的减小也会对病菌游动孢子遇到气孔而侵入的途径起到阻碍作用，减少病菌侵染的机会。

CO_2 气肥的施用原则是：针对一定的果树，CO_2 气肥的施用浓度要适宜。CO_2 气肥的施用时间一般控制在果树生长最旺盛时期（包括营养生长和生殖生长以及营养生长、生殖生长并行期），选择植株光合作用最强的上午时间多布点施用；施用时间应结合栽培果树的生理特性，综合考虑环境的温度和湿度，以免造成生理性危害。

5.5 温室土温变化及其调控

土壤是能量转换器，也是温室热量的主要贮藏地。白天阳光照射地面，土壤把光能转换为热能，一方面以长波辐射的形式散向温室空间，一方面以传导的方式把地面的热量传向土壤的深层。晚间，当没有外来热量补给时，土壤贮热是温室的主要热量来源。土壤温度垂直变化表现为晴天的白天上高下低，夜间或阴天为下高上低。这一温度的梯度差表明了在不同时间和条件下热量的流向。温室的地温升降主要是在 0～20 cm 的土层里。水平方向上的地温变化在温室的进口处和温室的前部梯度最大。地温不足是温室冬季生产普遍存在的问题，提高 1℃地温相当于增加 2℃气温的效果。

提高地温的方法实际上有很多，如秋末温室宜早扣棚，尽量保持历经一个夏季土壤当中蓄积下来的热量；在温室的前底部设置隔热板（沟）减少横向传导损失；在土壤中大量地增施有机肥料；不在阴天或夜间浇水；地面覆盖地膜或温室内外覆盖保温设施。

5.6 温室土壤理化性质变化及其调控

5.6.1 温室土壤酸化成因及调控

最适宜葡萄生长的土壤 pH 在 6.5～7.5 之间，低于 5.5 或大于 8 将出现不同程度的生理机能障碍。土壤偏酸或偏碱，都会不同程度地降低土壤养分的有效性，难以形成良好的土壤结构，严重抑制土壤微生物的活动，影响各种果树的生长发育。

目前导致温室土壤普遍酸化的原因主要有[20]：①化肥施用量大。②农户大量施用酸性肥料及生理酸性肥料（如硫酸钾、过磷酸钙），SO_4^{2-}、Cl^- 等强酸性阴离子部分被葡萄吸收，部分残留在土壤中，Ca^{2+}、K^+ 等阳离子的增加及其比例发生改变，致使土壤中阴、阳离子失衡，土壤 pH 下降。由于温室内气流受限制，氧气不足，土壤含氧量下降，根系及土壤微生物呼出的二氧化碳积累在土壤中与水结合形成碳酸，也会导致土壤的 pH 降低。

针对温室土壤酸化的现象，可采取以下措施：①减少化肥用量，增施有机肥。②添加石灰改良剂。③添加生物改良剂。目前研究和应用的生物改良剂主要包括一些商业性生物控制剂、微生物、菌根、蚯蚓等。

5.6.2 温室土壤盐渍化成因及调控

目前，温室土壤盐渍化是国内外普遍存在的问题，成为温室栽培的主要限制因子。与露地相比，温室土壤长期没有雨水淋洗，施入的过量肥料部分残留在土壤中，一方面提高了土壤溶液的浓度；另一方面又引起土壤 pH 降低，提高了 Fe、Mn、Al 等元素的可溶性，增加了土壤盐溶液浓度，加剧了土壤盐渍化的发生，且随着设施种植年限延长，土壤中盐分逐年积累。温室内空气温度高，土壤水分蒸发量较大，盐分离子会随着土壤水分的蒸发而向上运动，导致盐分表层积累严重。温室土壤盐渍化的矫正应注意合理施肥和水肥管理，此外还应施用微生物菌剂。

第6章

温室葡萄育苗

温室内育苗所需的环境因素是由人为控制的，相对露地而言，条件比较优越。所以利用温室育苗对温室栽培是很有利的，同时温室育苗具有育苗早、育苗时间短、占地少、管理方便的特点。

6.1 种条准备

6.1.1 种条采集

种条必须从无病毒苗木母本园采集。结合冬剪，从品种纯正、健壮、无病虫害的丰产植株上剪取枝条充实、粗度在 0.8 cm 以上、长 60～80 cm 的枝条作种条。

6.1.2 种条贮藏

一般采用室外挖贮藏沟法进行贮藏。用 50% 多菌灵均匀喷施种条消毒灭菌，晾干后将种条 6～8 节截成一段，50 或 100 根为一捆，立放于底部铺有 10 cm 湿沙的贮藏沟内，埋土防寒。贮藏温度应在 –2～0℃，沙子湿度不超过 5%。

6.2 剪条

将品种纯正、成熟健壮的葡萄枝蔓每 2～3 个芽剪成一段，上剪口距芽 1 cm 平剪，下剪口距芽眼 0.5 cm 处在冬芽的一侧向下剪成斜面。因为下边剪口距芽眼节位越近越易生根，适当剪伤一些芽眼组织易生根。

6.3 催根

插条剪好后，10 根一捆，将下部蹾齐，放在清水中浸泡 10～12 h（加入 0.5% 尿素可减轻幼苗黄化现象）。再将成捆插条斜口一端放入生根粉溶液中浸泡 2～3 h，液面到插条 1/3 处。

利用电热温床催根，是近来常用的催根方法。

在温室内挖畦，畦长可根据棚的跨度而定，一般长为 5～6 m，宽 1.2～1.5 m。向下挖 20 cm，把土取出，在底部放 5 cm 厚的秸秆，然后填细沙 2～3 cm 厚。在畦的南北两端分别设置两块木板（长度 3～5 m），在两块木板上面按间隔 5 cm 距离钉一排钉子。此后从一头开始往另一头按间距 5 cm 铺设地热线（图 6-1）。地热线铺好后，将两根线头甩在外边。在上面盖 5 cm 厚的细沙或锯末。将两根线接在温控器上，接好电源，开始升温，第二天插条。将成捆的葡萄条，下剪口向下插在已加热的湿沙上。一捆紧挨一捆，码好后，在空隙内填上湿沙至上芽处。空隙间一定要填严实。插条四周湿沙也要封严。这种方式 1 m^2 苗床可摆放 6 000～8 000 根葡萄插条。在温床上插上水银温度计。当苗床内温度 25～28℃时，控制恒温。注意经常给苗床喷水，保持湿沙的湿度。在 25～28℃恒温下经过 10～15 天的时间，插条就可产生愈伤组织，20～25 天后可长出幼根。

注意事项：

（1）温床温度要求在 25℃左右，一般不高于 28℃，不低于 25℃，室内温度不超过 8℃。

（2）基质应一直保持开始配制时的湿度，每隔 3～5 天检查一次插条下端剪口处的基质湿度。一般情况下，每 3 天均匀洒水。洒水要适量，喷洒过多插条易霉烂，太少插条易干枯而不易生根。

图 6-1 电热温床的铺设

6.4 营养袋育苗

在温室内用营养袋育苗具有单位面积育苗数量多、速度快、苗木移栽成活率高等优点。不管是绿苗还是成苗，只有保证全根，才能确保成活率，以实现当年栽苗、当年结果的目的。

6.4.1 营养土配制

将熟土和筛后的腐熟的有机肥按 2∶1 的比例配成营养土。营养袋一般是用直径 6 cm，高 16 cm 的塑料薄膜制成的。一般能买到，如买不到可自制。依温室宽度，做宽 1.5 m 左右的南北小畦，并将畦埂打实，以便人工管理。

6.4.2 装袋与摆放

用纸板做成喇叭筒撑开营养袋，装满营养土，使袋内土面离袋口 1 cm 左右。然后将装好的营养袋整齐地摆放在着光好的苗床或畦上。一般 1 m^2 摆放 300 个袋。摆放营养袋时，应注意间隔，扶土防倒。这样有助于苗木通风、透光，多出壮苗。

6.4.3　扦插

将摆放好的营养袋浇透底水，当温室温度稳定在18～25℃时，将已生出愈伤组织的插条直插于袋内，约留插条1/2于袋外（图6-2）。若插条已生出幼根，须先以手工在袋中央打洞，然后埋栽，尽量不使幼根受到损伤。插完一畦即进行洒水，使插条与营养土紧密结合。

图6-2　营养袋育苗

6.4.4　管理

葡萄扦插后，温室温度应保持在20～28℃，相对湿度应保持在85%～95%。及时浇水，以保持营养袋中的湿度，但不可太多，避免袋中积水，影响根系发育。扦插10～15天就可长出新叶。插条发芽后，温室温度可保持在15～30℃之间。葡萄插条在催根期间，部分底芽开始萌发，插入营养袋后，由于适宜的水分和温度，部分底芽易萌动，这对上芽的萌发不利。因此，要根据情况及时抹掉。如发现上芽已无活力，可保留下芽，精心培养。当长出3～4片叶后，可补喷1～2次0.3%尿素及磷酸二氢钾液。并每隔10天左右喷一次多菌灵800倍液防治黑痘病及霜霉病。注意及时拔除营养袋内杂草。

当苗高达到 20 cm 时，要注意抹副梢、除卷须。当苗高达 30 cm 左右时，及时打头和除副梢，副梢留两片叶摘心。

当苗长到 20 cm 高、四五叶一心时，可连袋一起出圃定植。苗木出圃前应炼苗。炼苗对保证苗木移栽后的成活率和缓苗期的长短至关重要。一般是在出圃前 10 天开始炼苗。方法是：逐步扩大温室放风面积，降低室内温度，直到和外界温度相一致，使苗木逐渐适应外界环境；在出圃的前 5 天，将温室塑料棚膜全部去掉，此时尽量不浇水，使苗木充分适应外界环境。通过炼苗的苗木移栽到大田后，几乎不缓苗，成活率可达到 100%。

第7章

温室葡萄苗木栽植

7.1 温室葡萄品种选择及栽培架式

采用温室葡萄栽培，其目标是在不用加温的基础上实现葡萄的一年两次结果（提早到“五一”前后，延迟到春节前后）。在设计时首先要考虑采用极早熟或早熟的品种。由于葡萄不同品种间的休眠期、需冷量、成熟期、生长结果习性均存在差异，在选择栽培品种时，在考虑以上因素的同时，还应综合考虑果粒大小、色泽、品质、花芽易形成等因素。对于温室葡萄栽培，以促早栽培为主要目的的品种来说，必须具备早熟性状好、品质优良、连年丰产性好、耐弱光、耐高空气湿度和需冷量小等特点。

目前，温室栽培所涉及的葡萄品种有奥古斯特、87-1、普列文玫瑰、绯红、奥迪亚无核、森田尼无核、美人指、早玉、矢富罗莎、秋黑、京玉、无核白鸡心、维多利亚、亚历山大、秦龙大穗、早黑宝（图 7-1）、香妃（图 7-2）、爱神玫瑰（图 7-3）、夏黑（图 7-4）、瑞都香玉（图 7-5）、意大利（图 7-6）、瑞都脆霞（图 7-7）、瑞都科美（图 7-8）、早玛瑙（图 7-9）、京秀（图 7-10）、京香玉（图 7-11）、京艳（图 7-12）等。

图 7-1　早黑宝

图 7-2　香妃

图 7-3　爱神玫瑰

图 7-4　夏黑

图 7-5 瑞都香玉

图 7-6 意大利

图 7-7 瑞都脆霞

图 7-8 瑞都科美

图 7-9　早玛瑙

图 7-10　京秀

图 7-11　京香玉

图 7-12　京艳

7.2　苗木栽前准备

温室内光照较差，空间有限，根据栽培目的选择适当的架式及栽植密度是非常重要的。

由于枝条水平分布的棚架形树冠各部位受光充足而均匀，叶片的光合组织结构和叶绿体超微质膜结构发育正常，都有较多的淀粉粒等贮藏物积累，而篱架下部因受光不足使叶片光合组织结构和叶绿体超微质膜结构明显退化，淀粉粒等贮藏物积累极少。因此，温室葡萄从长远利益上适合采用棚架。一般棚架栽植株距为 1.3～1.5 m。温室棚架栽植一般每亩 50～60 株。

（1）挖定植沟　挖沟前要根据不同架式整形来确定位置，按确定的行向和行距，挖宽 0.6～0.8 m，深 0.6～0.8 m 的栽植沟。定植沟应离开东西墙和南北棚缘各 1 m 左右（图 7-13）。

（2）施肥　定植沟挖好后，可在沟底填入 20 cm 厚的秸秆。将充分腐熟的有机肥（图 7-14）（每亩 2 000～4 000 kg）和适量的三元复合肥（每亩 20～25 kg）与 20 cm 厚熟土混匀填入定植沟内。

图 7-13　挖定植沟

图 7-14　有机肥

（3）回填土　在沟底先回填 20 cm 厚熟土，再将沟内 40 cm 厚的有机肥与熟土充分掺匀，然后将剩余 20 cm 厚熟土填入沟内即可（图 7-15）。

图 7-15　回填土

（4）灌水沉沟　回填后及时浇灌大水（图 7-16），2～3 天后水分完全渗入土中，再进行定植。

图 7-16　浇大水

7.3　苗木定植

7.3.1　定植时间

温室内受外部气候影响较小，葡萄苗木栽植时间跨度较大，但从有利于葡萄植株生长的方面来看，定植时间越早越好。如果盖温室（春季）较晚，则可先育苗，待温室盖好后在 7 月份之前均可定植，其绿苗最好是用大一些的黑杯育苗。苗长到 2 m 以上还可以移栽定植。一般情况下，直插栽植在 2—3 月份进行，营养袋苗定植在 3—4 月份进行。

7.3.2　定植方法

栽苗之前，在定植沟中间按株距挖好定植穴（图 7-17）。

（1）一年生的成苗定植　先对苗木进行分级，壮苗与弱苗分开，先栽壮苗，后栽弱苗。葡萄根系修根后用 0.3% 尿素水溶液浸泡 8～12 h。然后用生根粉溶液浸 30 s 后立即栽植，可明显提高成活率。

图 7-17　挖定植穴

（2）营养袋苗定植　当营养袋苗长到四五叶一心时，即可定植。栽前将营养袋划开去掉，挖栽植穴，将带土坨的幼苗放入小穴中，四周压实浇水（图 7-18）。

图 7-18　栽苗

（3）直插定植　将葡萄种条在温床上催根。待插条下端长出愈伤组织或小白根时，即可定植。在定植沟中间挖一小沟，将带根扦插苗小心放入沟内用土压实立即浇水。

7.4　定植当年的幼树管理

定植后的苗木及时抹芽，每个芽眼中留一个壮芽。新梢长 10～15 cm 时留蔓，选留一个壮梢做主蔓向上延伸。定蔓的原则是留壮不留弱。

7.4.1　新梢管理

7.4.1.1　摘心

当新梢长至 1 m 左右时，及时摘心，控其生长，促进芽体充实饱满。摘心后抽生出的夏芽副梢保留顶端副梢作为延长梢，以后每隔 10 片叶后，都对主梢进行摘心。

主梢延长枝下边其余副梢留 2～3 片叶摘心，花序上边副梢则留 1～2 片叶即可摘心。没有花序的副梢可作为来年的结果母枝。如果肥水充足，葡萄幼苗在边长边控制的情况下，到 12 月份枝条可长到 8 m 以上，粗度为 2～3 cm，可为第二年早结果打好基础。

7.4.1.2　绑蔓

新梢长 40～50 cm 时立杆引缚，即开始绑蔓，以后每生长至 30～40 cm 绑蔓 1 次。在绑蔓的同时摘除卷须。

7.4.2　巧施肥水

定植当年，新梢长至 20～30 cm 时，结合灌水在距植株 30 cm 左右处，每亩追施 10 kg 尿素和 5 kg 复合肥（N：P：K=15：15：15），之后每隔 10～15 天追肥 1 次，共追 3～4 次。叶面肥每隔 15 天喷施 1 次 0.3% 尿素加 0.3% 磷酸二氢钾加少量有机复合型微肥，生长期共喷 4～5 次。

在葡萄生长前期，当枝条长至 30～50 cm 时，增施以氮肥为主的速效肥，或腐熟的有机肥，也可用沼液。6 月下旬至 7 月上中旬，增施以磷、钾为主的速效肥。同时注意调节土壤及温室湿度，创造既有利于葡萄生长，又不易生病的温室环境。在温室内保持土壤湿度，不能大水漫灌，用勤浇水、浇小水的方法。

7.4.3 病虫害防治

在温室内，高温高湿的环境易引发病害，因此要及时在萌芽前喷石硫合剂、波尔多液等保护剂，在生长期注重防治霜霉病、白粉病与灰霉病等。

第8章

温室葡萄的修剪和花果管理

8.1 温室葡萄的修剪

葡萄的修剪按照修剪时间可以分为冬剪和夏剪。按照修剪方式可以分为短梢修剪、中梢修剪与长梢修剪三种方式。①长梢修剪指留 8 个芽以上的修剪。主要优点是结果部位的数量增加，从而使葡萄的产量得到了提高，特别是对酿酒葡萄的效果更为明显，缺点是容易造成结果部位外移的现象。②中梢修剪，一般留 5～6 个芽，提高了枝蔓的萌芽率，容易形成结果枝，可以把葡萄的产量控制在一定范围内，但对延长枝的效果不好。③短梢修剪留 2～4 个芽即可。

8.1.1 冬剪

冬剪是指葡萄落叶后到第二年早春伤流期以前的修剪（图 8-1）。北方埋土防寒区的冬剪时间大概在 10 月下旬到 11 月上旬，目的是剪去长势弱的枝蔓，比如病虫蔓、未成熟的蔓等，一方面方便埋土，另一方面还可以调整第二年的植株负载量，以此来提高果实的品质和产量，同时可以延长植株收益年限。作用就是调节树体生长和结果的关系，调整结果部位，控制结果前移，更新结果母枝。冬剪时剪口应在芽眼以上 2～3 cm，留出风干区，确保剪口下芽眼不被风干，以保障按时萌芽。多年生弱枝回缩修剪时，应在剪口下留强枝，起到更新复壮作用。多年生强枝回缩修剪时，可在剪口下留中庸枝，并适当疏去留下的强枝和超强枝，以削弱营养生长，促进成花结果。

图 8-1 冬剪

8.1.2 夏剪

夏剪持续于葡萄的整个生长发育过程，但严格说是从葡萄萌芽起到延迟葡萄采摘完这段时间，都可进行夏剪（图 8-2）。夏剪主要是为了调节葡萄的营养生长和生殖生长的关系，使营养成分更好地从叶片转移到果实；改善植株通风透光的条件，使叶片更好地进行光合作用，提高果实的品质和产量。夏剪包括抹芽、定梢、摘心、去老叶、副梢管理、除卷须等。

8.1.2.1 抹芽

抹芽是指当温室内葡萄冬芽萌发长至 2 cm 左右时，在一个芽眼位置上只留一个健壮的主芽，及时除去多余的芽。抹芽时除了要及时除去弱芽和过密的芽外，还要除去根颈部的萌蘖和多年生枝干上萌发的隐芽。

图 8-2　夏剪

8.1.2.2　定梢

当新梢生长至 15～20 cm（5～6 片叶），新梢上能明显分辨果穗好坏时，根据植株合理负载产量和架面疏密度进行定梢。及时去除多余的无效枝和过强的竞争枝、徒长枝，使每平方米架面上保留 14 个左右生长健壮的新梢。一般情况下在架面上结果新梢与营养枝的比例保持 1∶1，避免留枝过多，否则会导致架面枝条过分密集、通风透光差、无效叶片多，并给病害发生创造有利条件，同时也影响果实的品质。

8.1.2.3　摘心

将正在生长的新梢梢尖连同数片幼叶一起摘除，叫摘心或掐尖。摘心可以暂时抑制顶端生长，抑制营养生长，促进花芽形成，改善架面通风透光条件，调节营养生长和结果的关系。新梢摘心分为结果枝摘心和发育枝（营养枝）摘心。

结果枝摘心的主要作用是抑制营养生长（因养分竞争）。对于严重落花的品种，宜在花前 1 周至初花期这段时间内进行。对没有严重落花落果现象的品种可在花后摘心，如红地球、维多利亚等品种宜在花后幼果期进行。结果枝花前摘心，应在花前 4～7 天，花序已有 5% 的花蕾开放时立即进行。摘心时在花序以上留 5～7 片叶摘心，摘心后出现的夏芽副梢，除顶端一个副梢保留 3～4 片叶反复摘心外，对其他的一次副梢一般留 2～3 片叶反复摘心。果穗以下副梢可全部去除。

没有花序的新梢叫营养枝。营养枝摘心与结果枝不同。营养枝摘心保留 8～12 片叶，强枝长留、弱枝短留，空处长留、密处短留。

摘心按程度分轻摘心与重摘心。轻摘心通常只掐去梢尖连同数片嫩叶，使新梢立即停止增加节数，但摘心口以下的几段小叶仍然继续生长。因品种不同，生长势强弱不同，摘心保留叶片数量也不同。一般品种在花序上保留 4～8 片叶，巨峰品种花序以上可少一些，欧亚品种如红地球花序以上以 6～8 片叶为好。重摘心是摘心时连梢尖带较大叶片一起剪掉。生长势强的品种可摘得重一些，生长势弱的品种可适当轻一些。但生长势强的品种保留的叶片数不少。重摘心有时也可用于刺激萌发副梢结果。在后期为促进果实成熟，积累糖分，促进枝蔓成熟，改善通风透光条件，常将新梢幼嫩部分及副梢去掉。通过摘心，可有效控制白粉病、霜霉病等病害的发生与蔓延。

8.1.2.4　绑蔓

将新梢固定在架面铅丝上叫绑蔓，可以改善架面通风透光条件，均衡树势（图 8-3）。在温室采用龙干形整形时，其结果枝或营养枝都要水平绑蔓，但绑蔓要及时、均匀，不要把多条枝梢绑在一起。

8.1.2.5　去老叶

叶龄在 90 天以上的葡萄叶片，其营养消耗大于营养制造。为了节省树体营养，必须及时将叶龄在 90 天以上的老叶摘掉，以利于通风透光和果实上色。

8.1.2.6　副梢管理

随着新梢生长在叶腋间的夏芽萌发长出的新梢叫副梢。在生长季，副梢随主梢不断向前生长。副梢上也会不断地萌出更多的副梢，而且还有二次、三次、四次之分，使架面越来越郁蔽。因此，及时适宜地进行副梢处理，对减少养分消耗，改善通风透光条件，增强

图 8-3　绑蔓

光合作用具有重要意义。

副梢的处理方法：

（1）主梢摘心后，顶端留一个副梢延长生长，此副梢留 4～6 片叶开始摘心。其上发出的二次副梢，先端留一个副梢，留 3～5 片叶摘心，其他下部发出的副梢全部除去（图 8-4）。对先端副梢以后发出的副梢，只保留先端的 1～2 片叶，其余全部去掉，依次处理。这种方法适宜对营养枝的修剪。

（2）主梢摘心后，侧面副梢留 1～3 片叶摘心，二次副梢留 1～2 片叶摘心，三次副梢不要抹除。这种方法常用于龙干延长枝、预备枝或当年扦插苗主蔓的培养。对结果枝花序或果穗以上的副梢，留 1～2 片叶反复摘心。果穗以下的副梢全部抹去。

（3）主梢摘心后，每个副梢留一片叶摘心，同时将叶的腋芽完全掐除，使其基本丧失萌发二次副梢的能力。具有无须反复摘心的优点，可增加结果枝中双穗的比例，且花序发育较大。

8.1.2.7　除卷须

随着新梢生长，其上不断生长出卷须，数量很大，在对新梢进行管理的同时，应及时除卷须（图 8-5）。

图 8-4　剪副梢

图 8-5　除卷须

8.2　温室葡萄花果管理

8.2.1　疏花序

在展叶 4～6 片时进行。首先疏去一个果枝上两个以上花序中的第二个花序和弱蔓上的花序，强壮蔓留 1～2 个花序，中庸蔓留 1 个花序，弱蔓不留花序。

8.2.2　花序整形

当花序分离后，先去掉副穗，掐掉 1/4 的穗尖。巨峰品种为防止落花落果，除去副穗后，只保留中下部花序相对一致的一段花序，穗尖要掐掉。这样果穗紧而且果粒大，上色也均匀。果穗整形时应及时去除歧穗、穗肩和穗尖，留果穗中部 12～16 分枝部分即可。

8.2.3　疏果

疏果是指疏掉果穗中的畸形果、小果、病虫果以及比较密集的果粒（图 8-6），一般在花后 2～4 周进行 1～2 次。第一次在果粒绿豆粒大小时进行，第二次在花生粒大小时进行。

图 8-6　疏果

第9章

温室葡萄物候期特征及管理

葡萄的物候期包括伤流期、萌芽期（图 9-1）、枝条伸长期（图 9-2）、开花期（图 9-3）、坐果期（图 9-4）、果实膨大期（图 9-5）、转色期（图 9-6）、成熟期（图 9-7）。在温室条件下葡萄生长所需的光、热、水、气及土壤状况是由人为调控的。因此，温室内的生态环境管理是温室栽培管理的中心工作，需要精心认真对待。

图 9-1　萌芽期

图 9-1　萌芽期（续）

图 9-2　枝条伸长期

图 9-3　开花期

图 9-4　坐果期

图 9-5　果实膨大期

图 9-6　转色期

图 9-6　转色期（续）

图 9-7　成熟期

9.1 伤流期

从春季树液流动到萌芽。当早春根系分布处的土层温度达4～9℃时（因种类和品种而异），树液开始流动，根的吸收作用逐渐增强。这时葡萄枝蔓新的剪口和伤口处流出许多透明的树液，这种现象称为伤流。伤流开始的时间及多少与土壤湿度有关。土壤湿度大，树体伤流多；土壤干燥，树体伤流少或不发生。整个伤流发生期的长短，与当年气候条件有关，一般为几天到半个月不等。

9.1.1 温室消毒

在伤流期至萌芽期，应采用硫黄熏蒸法进行温室消毒，以将温室内残存的病菌等病原彻底清除，为当年葡萄的安全生产提供保证（图 9-8）。

9.1.2 温湿度管理

适度的高温与高湿有助于冬芽萌芽。在进行卷棚升温后和进行单氰胺或石灰氮催芽后，应及时浇灌透水并覆盖地膜（图 9-9），以提高地温，促使葡萄及早生根与萌芽。

图 9-8　硫黄熏棚

图 9-8　硫黄熏棚（续）

图 9-9　覆盖地膜

9.1.3 树体管理

为防止伤流严重对树体造成的危害，温室葡萄可以在揭棚升温前半个月至 1 个月进行修剪。为清除温室内树体隐藏的螨类及残存的病菌，应进行树体消毒。一般采用石硫合剂进行温室树体的杀菌消毒（图 9-10）。这不仅可降低葡萄生长期病害与虫害的发生率，还可减少用药次数，节省成本。

图 9-10　喷施石硫合剂

由于春季低温，葡萄有效积温量不足，春化作用不够，极易造成春季发芽不整齐。因此，可使用石灰氮或单氰胺进行破眠。破眠时间在正常萌芽前 20 天左右进行。使用方法为用毛笔蘸取破眠剂涂抹结果枝条的冬芽（图 9-11）。

图 9-11　涂抹破眠剂

9.2　萌芽期

9.2.1　温湿度管理

一般葡萄萌芽始于 10 ℃以上，白天温室温度可保持在 26～28 ℃，夜间保持在 8 ℃以上，空气相对湿度保持在 80% 左右。葡萄萌芽期（图 9-1）需要较多的水分供给花序继续分化和根系活动，保证冬芽适时萌发，因此在葡萄萌芽期应注意及时浇催芽水。浇水后树体内液不断被稀释，根系不断吸收水分达到平衡，从而促进萌芽。温室葡萄进行一年两收栽培时，第一茬葡萄在 2 月份处理时，从破眠处理至萌芽需要 1 个月左右的时间，而第二茬在 8 月份进行破眠处理只需 10～20 天的时间即可萌芽。萌芽前后也应及时浇灌萌芽水并注意土壤的保温。

9.2.2　树体管理

冬芽萌发后会出现双芽、弱芽等，应及时去双芽、弱芽，以减少不必要的养分消耗。去双芽的原则为“去弱留强”。

9.2.3　病虫害防治

萌芽后，在 2～3 叶期时，采用甲基托布津 1 000 倍液喷施，以防治细菌或真菌引起的病害。

9.2.4　肥水管理

在萌芽前追肥，目的是促进芽眼萌发整齐、新梢前期生长旺盛、增大叶片和花序，为丰产打下良好的基础。此期施肥以氮肥为主。

9.3　枝条伸长期

9.3.1　温湿度管理

枝条伸长期（图 9-2）要求白天温度 25～28℃，夜间 15℃左右，不低于 10℃。空气相对湿度要求 60%～70%。气温与地温协调一致，防止新梢徒长，有利于葡萄花穗的发育。

9.3.2 树体管理

及时绑蔓、除卷须。将新梢枝条均匀绑缚在棚架的铅丝上。新梢在铅丝上的绑缚距离在 10～15 cm。

9.3.3 病虫害防治

在新梢长至 2～3 片叶时，喷施甲基托布津 1 000 倍液和吡虫啉 7 000 倍液等药物，进行幼叶期的病虫防治。

9.4 开花期

9.4.1 温湿度管理

开花期（图 9-3）要求的最适温度白天 25～30℃，夜间不低于 15℃左右。昼夜平均温度在 20℃左右时，葡萄授粉受精完成得最好。欧亚种最适温度白天 25℃左右，欧美杂交种最适温度白天 26℃。开花期如遇低温，要保持室内温度不低于 5℃。开花后期，白天温度控制在 26～28℃，夜间维持在 16～18℃。超过 32℃以上温度持续时间太长，易引起落花落果。花期时对极限温度敏感，应特别注意调控，白天最高温度不能超过 32℃，以防温度过高引起徒长。温室葡萄第二茬的开花期在 9 月下旬至 10 月的中下旬，此时北方地区夜间温度较低，可采取 15 点至 16 点间放下棉被的方式，保持夜间温室温度，保障开花坐果的正常进行。空气相对湿度控制在 65% 左右，以利于授粉受精。

9.4.2 树体管理

疏花序一般在开花前 10～15 天进行。留花序标准为：鲜食品种一般一结果枝留一个花序，小穗品种和少数壮枝可留 2 个花序，细弱枝不留花序。掐穗尖和疏副穗可与疏花序同时进行。对花序较大和较长的品种，掐去花序全长的 1/5～1/4，过长的分枝也要掐去一部分。对果穗较大、副穗明显的品种，应将过大的副穗剪去，并将穗轴基部的 1～2 个分枝剪去。通过掐穗尖和疏副穗可将分化不良的穗尖和副穗去掉，使营养集中、坐果率提高，使果穗紧凑、果粒大小整齐、穗形较整齐一致。

9.4.3　肥水管理

花前至初花期喷施 0.3%～0.5% 的优质硼砂溶液。花前与花后可喷施 1～2 次 0.3%～0.5% 的尿素溶液。土壤追肥，可在距离植株 30 cm 外穴施尿素，每穴可施入 100 g 尿素。花前浇一次水，开花期间不浇水，以防落花落果。花后期，就进入坐果期（图 9-4），此时浇大水并结合穴施尿素，既有利于坐果，又可促进果实膨大。

9.5　果实膨大期

葡萄浆果坐住果后迅速生长，在果实近黄豆粒大时，进入膨大期（图 9-5）。果实膨大期是葡萄树体在全年中生长最旺盛的时期，也是葡萄全年生产中非常关键的时期，管理好与否，决定着全园的产量和浆果质量。

9.5.1　温湿度管理

果实膨大期是葡萄枝叶果实迅速生长发育期。白天温室温度应控制在 25～28℃，夜间保持 16～20℃。白天室温太高时注意放风降温。白天温室内湿度较大时，及时开前风口与后窗。如有必要，及时开风机，保持温室内通风通畅状态。空气相对湿度保持在 60% 左右即可。温室葡萄的第二茬果实膨大期处于 11 月中上旬，此时，北方外界温度较低，有时会有连阴雨雪天发生，应注意温室的保温，针对低温，应及时补棚，维修棉被及棚膜。如有条件，夜间可烧煤炉供暖。

9.5.2　树体管理

对新梢留够 15 片叶后摘心。若已在花前摘心，则将新梢顶端的副梢留 1～2 个，每个留 2～3 片叶摘心，其余全部清除。新梢上的卷须全部从根部掐去。及时将新梢绑缚于铅丝上，新梢间距要均匀。对病残、干枯老蔓全部剪除，清出园外。按新梢长势留穗，一般留法是：强二中一弱不留。若一个新梢 3 个果穗，一定要清除 1～2 个。对花前未将果穗掐尖的，此时进行亦可，要疏除病、残和畸形果。

9.5.3 肥水管理

果实膨大期是全年生长中需水、肥量最大的时期。此时，施肥以追肥为主，其中以氮肥为主，配之以磷钾肥。每次浇水，待土壤松散后锄地保墒，并清除田间杂草，特别注意清除高秆杂草。

9.5.4 土壤管理

温室葡萄实施一年两收时，第二茬的果实膨大期正处于 11 月中上旬，此时夜间户外温度低于 6℃，温室应注意土壤的保温，可在葡萄树干高度 1 m 的位置处搭建小拱棚，以提升和保持夜间土壤的温度。

9.6 转色期

9.6.1 温湿度管理

白天温度控制在 25～28℃，夜间适当降至 10～15℃，以促进果实着色，增加果实含糖量。白天温室内湿度较大时，及时开前风口与后窗，如有必要，及时开风机，空气相对湿度保持在 60% 左右即可。

9.6.2 树体管理

转色期（图 9-6）树体营养主要集中在果实上，副梢长势较缓，但应及时定期地剪除副梢，以免副梢长势过旺，妨碍通风透光，影响果实转色上糖。

9.6.3 肥水管理

葡萄转色期施肥主要施用磷钾肥，以促进转色上糖，追肥以叶片喷施为主，可以喷施 0.3% 的磷酸二氢钾。为了得到更好的叶面施肥效果，必须注意以下问题：一是喷施时间应选择无风多云天或阴天进行，晴天应在晨露干后至 10 点前或 16 点后进行，避免在晴热天午间施用。二是喷施部位以喷施叶背为主。水分管理要注意控水。浆果转色期水分过多会影响糖分积累，果实着色慢且品质和风味降低，某些品种还可能出现裂果，因此应严格控水并注意排水。转色期应尽量不浇水或者干旱时浇小水。温室土壤一定不能积水，防止因旱后浇大水引起裂果。

9.7　成熟期

9.7.1　温湿度管理

白天温度控制在 25～28℃，夜间控制在 15～20℃。空气相对湿度保持在 60% 左右即可。白天温室内湿度较大时，保持温室棚顶的通风口处于打开状态，并及时开前风口与后窗，保持温室内通风通畅状态。

9.7.2　树体管理

第一茬果实采收后，葡萄枝蔓持续生长，将消耗树体养分，可采取摘心、除副梢等措施控制其生长，减少养分消耗。及时对叶片喷施磷酸二氢钾，促进叶片的光合作用。温室中第二茬葡萄在元旦、春节成熟采摘后需进行闷棚休眠处理，树体可不进行修剪，直接闷棚，使其带叶休眠，在满足需冷量后，可在 1—2 月份温室升温后进行修剪。

9.7.3　病虫害防治

控制好温室温湿度，可预防白粉病等病害发生。温室小门及时上锁，防止鸟类进入温室啄食葡萄引起二次病害。温室葡萄的第二茬生长期处于秋冬季，此时温度较低，病害发生较少，但应注意冷害及冻害等对树体及果实造成危害。

9.7.4　肥水管理

成熟期（图 9-7）注意适时、适量灌水，但不宜过多浇水，保持土壤湿润即可。灌水不能过量、过勤，否则影响葡萄风味，造成裂果[21]。葡萄的成熟采摘阶段，正是其根系生长的第二个高峰期，应及时施肥，施肥量占全年的60%以上。施肥方式为沟施（图9-12）。离主干40～50 cm开沟，沟宽40～50 cm，深度以40～50 cm为宜。每亩温室葡萄可施用2 000～3 000 kg有机肥，掺施5～10 kg尿素或15～20 kg高钾肥，以促进树体树势恢复，并为下茬花芽分化集聚营养。施肥后及时大水灌溉（图9-13）。此外，葡萄成熟期，结果消耗了树体内大量养分，在采果后要及时喷施叶面肥恢复树势，增强叶

图9-12　开沟施肥

图 9-13　大水灌溉

片的光合作用能力。每 10 天左右喷洒 1 次 0.2% 的尿素和 0.3% 的磷酸二氢钾混合液，连喷 2～3 次，保障叶片营养的供给。尤其是温室葡萄的一年两收，在 5—7 月份，温室葡萄第一次成熟采摘后，应及时喷施磷酸二氢钾，保持叶片的正常功能，促进树体营养积累，树下进行开沟施基肥，为第二茬葡萄成熟积累营养。

温室葡萄秋施基肥应占全年施肥量的 60% 以上。根据各地经验，葡萄产量和施用有机肥量之比为 1：(2～4)，每 100 kg 充分腐熟的有机肥中还应混拌 1～2 kg 过磷酸钙。幼龄树每结 1 kg 果，秋施有机肥 3～4 kg，一般每亩施 3 000 kg 左右有机肥，并混入 50 kg 过磷酸钙；成龄树一般每亩产果 2 000 kg 左右，则秋施优质有机肥 4 000～5 000 kg，并混入 100 kg 过磷酸钙。

第10章

温室葡萄常见病虫害防治及防灾

10.1 常见病害

10.1.1 白粉病

葡萄白粉病现分布于世界所有种植葡萄的国家和地区，造成的危害程度不一。

白粉病病原菌以菌丝体在枝蔓的感病组织内过冬，翌年条件适宜时产生分生孢子，分生孢子借气流传播，侵入寄主组织后，菌丝蔓延于表皮外，以吸器伸入寄主表皮细胞内吸取营养。分生孢子萌发的最适温度为25～28℃[22]，空气相对湿度较低时也能萌发。葡萄白粉菌可以侵染葡萄的叶片、果实及新梢等幼嫩组织。

叶片发病时，最初在叶片表面形成白粉病斑块，以后病菌斑变为灰白色。病斑轮廓不整齐，大小不等，整个叶片布满白粉，病叶卷缩枯萎、脱落。果实发病时，首先褪绿斑上出现黑色星芒状花纹，其上覆盖一层白粉，即病菌的菌丝体、分生孢子梗及分生孢子。后期病果表面细胞坏死，呈现网状线纹。病果不易增大，着色不正常，后期易开裂。该菌耐干旱、喜弱光，因此，栽植过密、通风透光差的果园发病重，干旱的夏季，闷热、潮湿、多雨的天气有利于病害的大流行。

防治方法：发病初期可用70%甲基托布津1 000倍液或富力库

4 000 倍液，一般每 10 天左右喷 1 次，连喷 2 次，交替用药，有很好的药效。

10.1.2　灰霉病

葡萄灰霉病俗称“烂花穗”，又叫葡萄灰腐病。发生为害包括 3 个关键期，即花期、成熟期和贮藏期。若外界温度、湿度适宜，灰霉病病原菌通常在花期侵入，花穗多在开花前发病。花序受害初期似被热水烫状，呈暗褐色，感病组织软腐，表面密生灰色霉层，后期被害花序萎蔫，幼果极易脱落。果实近成熟期和贮藏期出现症状，果实腐烂，出现灰色的霉层，在所有贮藏期发生的病害中，它所造成的损失最为严重。早春、低温多雨气候条件下，也侵染葡萄的幼芽、幼叶和新梢，致使枝条枯死，造成损失。感病组织上产生灰色的霉层，是识别、判断灰霉病的典型特征。

葡萄灰霉病的防控必须坚持“预防为主，综合防控”的方针。加强果园管理，提高树体抗病能力是防治的基础，及时清除病原物产生源和传播途径是防治的关键，使用化学药剂杀灭病菌是防治灰霉病危害的必要措施。

防治方法：灰霉病化学防治要抓住花期前后、封穗期、转色后 3 个关键期，特别是病菌初次侵染前，遇到低温或阴雨天气进行及时的化学防治非常必要。可选用 40% 嘧霉胺悬浮剂 800～1 000 倍液、50% 腐霉利可湿性粉剂 600 倍液、50% 异菌脲可湿性粉剂 500～600 倍液、40% 百菌清 500～800 倍液喷施，每隔 10～15 天喷 1 次，一般喷 3～4 次，即可取得良好的防治效果。由于病菌从叶片背面的气孔侵入，因此喷药的重点是叶背。

10.1.3　毛毡病

葡萄毛毡病由瘿螨寄生所致，主要危害叶片，严重时也危害嫩梢、幼果、卷须及花梗。叶片受害初期，叶背面产生许多不规则的白色病斑，扩大后叶表面隆起呈泡状，叶背面凹陷处密生一层毛毡状灰白色绒毛，后期斑块逐渐变成褐色，严重时叶片皱缩、变硬、干枯脱落。瘿螨以成螨在芽鳞或枝蔓粗皮缝隙内越冬，翌年春天随着芽的萌动，由芽内转移到嫩叶背面茸毛内潜伏为害，吸取叶液，刺激叶片产生茸毛，成螨在被害部茸毛里产卵繁殖。此后成、若螨在整个生长季同时为害，一般喜在新梢先端嫩叶上为害，严重时扩展到幼果、卷须、花梗上，全年以5—6月份及9月份为害较重，秋后，成螨陆续潜入芽内越冬。

防治方法：①冬剪后彻底清除园内枯枝、落叶、翘皮，集中烧毁或深埋。②在每年葡萄采收后埋土前和葡萄出土后萌芽前，喷施3～5波美度石硫合剂，喷药时做到均匀、细致、全面，可有效杀灭越冬成螨。③尽早摘除被害叶片至园外烧毁，以防继续蔓延；数量大时，可喷施15%哒螨灵2 000倍液，或1.8%阿维菌素3 000倍液，或20%三磷锡2 000倍液。

10.1.4 酸腐病

葡萄酸腐病是真菌、细菌、昆虫联合为害的结果。酸腐病主要由酵母菌、醋酸菌和醋蝇联合侵染所致，属二次侵染病害。

该病发生的前提是果实上有伤口，产生伤口的主要原因是裂果和鸟害。因此酸腐病的防治关键是避免果实受伤害。该病主要危害着色期的果实，最早在葡萄封穗后开始为害。发生酸腐病的果穗主要表现为果皮与果肉有明显的分离，伤口漂白，果肉腐烂，果皮内有明显的汁液，到一定程度后，汁液常常外流；果粒有酸味；有粉红色小醋蝇成虫出现在病果周围，并时常有蛆出现。

防治方法：发病后应立即将发病严重的病穗直接剪入塑料桶带出园外，挖坑深埋。发病轻的用80%波尔多液可湿性粉剂400倍液+2.5%联苯菊酯乳油剂1 500倍液+50%灭蝇胺可湿性粉剂1 500倍液喷洒病穗。对于套袋葡萄，处理果穗后套新袋，然后全园立即喷一次触杀性杀虫剂。对醋蝇的防治目前主要还是以化学防治为主，生产上选用的农药要高效低毒，如10%歼灭乳油3 000倍液、80%敌百虫800倍液等。也可以将盛装糖醋液的容器分别挂于田间多个地点，利用醋蝇对糖醋液的趋性进行诱杀。

10.1.5　霜霉病

葡萄霜霉病是一种世界性病害，我国葡萄产区均有分布，是危害最严重的葡萄叶部病害之一，给葡萄生产造成严重的经济损失。

葡萄霜霉病主要危害叶片，也侵染新梢、幼果、花穗等幼嫩组织。霜霉病发病初期叶片上出现半透明、边缘不清晰的油渍状小斑点，然后扩大为黄褐色多角形病斑，并相互连成大斑。在潮湿天气下，叶片背面的病斑产生白色霜霉层，即病原菌的孢子囊梗和孢子囊。天气干旱时，病部组织干缩下陷，生长停滞，甚至扭曲或枯死。发病严重时，整个植株叶片枯死脱落。新梢、卷须、穗轴、叶柄发病，开始为水浸状半透明斑点，后发展为凹陷、黄色至褐色病斑，潮湿时病斑上也产生白色霜霉层。幼嫩的果粒高度感病，感染后果变灰色，表面布满霜霉。

只要条件适宜，在生长期中病菌能不断产生孢子囊进行重复侵染，7—8 月份为发病高峰期，雨后闷热天气更容易引起霜霉病突发。生长后期在病部组织中产生卵孢子。该病的发生与降雨量有关，低温高湿、通风不良有利于病害的流行。果园地势低洼、栽植过密、棚架过低、管理粗放等都容易使园内通风透光不良，果园小气候湿度增加，从而加重病情。施肥不当，偏施或迟施氮肥，造成秋后枝叶繁茂，组织成熟延迟，也会使病情加重。

防治方法：抓住病菌初侵染前的关键时期，喷施第一次药，以后每隔 7～10 天喷一次，连续喷 2～3 次即可。目前能够有效防治葡萄霜霉病的药剂有代森锰锌可湿性粉剂、福美锌可湿性粉剂。此外，霉多克、烯酰吗啉、雷多米尔、普力克、甲基托布津和甲霜灵等也有良好的防治效果。

10.2　常见虫害

10.2.1　粉虱

粉虱为刺吸式害虫，成虫和若虫群居于叶片背面而吸食汁液，导致植物营养缺乏，造成叶片褪绿枯萎；同时还分泌蜜露，诱发煤污病，传播病毒，引发病毒病，严重时可使整株植株死亡。

防治方法：①加强栽培管理。及时中耕除草，及时绑蔓摘心和除副梢，使田间通风透光良好。合理施肥，增强树势，减轻其发生危害。②秋天修剪后，清除枯枝落叶并烧毁，减少越冬虫源。③喷施 50% 敌敌畏乳油 1 000 倍液，或 40% 乐果乳油 1 500 倍液，或吡虫啉 7 000 倍液，都有较好的防治效果。

10.2.2 东方盔蚧

东方盔蚧又叫扁平球坚蚧。东方盔蚧以若虫和成虫群居于枝条上为害。夏季世代若虫前期先在叶片背面为害，然后回到枝条上。若虫和成虫刺吸枝条的营养，排出无色透明的黏液。由于夏季高温高湿，东方盔蚧的排泄物被腐生菌类寄生繁殖，使得果实、叶片污染成黑色，影响叶片光合作用，造成早期落叶，果实失去商品价值。

防治方法：由于药剂能渗透东方盔蚧若虫蚧壳，因而防治适期是若虫期。可在葡萄萌芽前用 3～5 波美度石硫合剂均匀地将树体喷施一遍，防治效果在 90% 以上。

10.2.3 红蜘蛛

葡萄红蜘蛛危害叶柄、叶片、果穗梗、浆果等。新梢上的所有器官均可被危害。新梢基部被害后表面呈褐色颗粒状隆起；果穗梗被害后呈褐色，容易折断；果粒受害后，呈浅褐色锈斑，以果肩为多，硬化纵裂，甚至腐烂脱落；叶片被害时，逐渐失绿，呈黄红褐色锈斑状，焦枯脱落，影响正常生长发育，造成当年和翌年的严重性减产。

葡萄红蜘蛛耐高温，在高温干旱的情况下，繁殖发育最快。5—8 月份遇旱灾时，虫害发生严重。高峰期一片叶上可有 100 多头虫。在 32℃时仍危害严重，在 35℃时自然死亡率上升。

防治方法：①注意果园卫生。冬季修剪时，将残枝落叶集中烧毁。②生长期抓好早期控制，叶展后注意预报，若有发生，用 40% 乐果 1 200 倍液或 15% 扫螨净乳油 1 500 倍液喷雾。

10.2.4　叶蝉

葡萄叶蝉在我国北方葡萄栽培地区危害严重，以成虫和若虫在葡萄叶背面吸取养分。被害叶片表面最初表现苍白色小斑，严重受害后白斑连片，致使叶表面全部苍白，提早落叶，影响果实成熟以及芽的正常发育。由于成虫及若虫边取食边排泄蜜露，也污染果实的色泽而降低其品质。若虫种群空间分布和温度变化关系密切。在气温较低时，葡萄叶蝉趋于分布在藤架的中、高部位，随着温度的升高，向中、低部较荫蔽的部位转移。叶蝉若虫 7 月上旬以前，主要分布在中上部叶片，7 月上旬之后，下部叶片上多于中上部叶片。

防治方法：5 月下旬至 6 月上中旬是第 1 代若虫集中发生期，虫口数量相对较少、虫态相对一致，迁移能力远差于成虫，为葡萄叶蝉的防治关键期。利用黄板防治葡萄叶蝉，是一种有效的防治措施。

10.3　生理性病害

10.3.1　葡萄日灼病

发病症状：由于果穗缺少荫蔽，在烈日暴晒下，果粒表面局部受高温失水，发生日灼。不同品种发生日灼的轻重程度有所不同，粒大、皮薄的品种日灼病较重。主要发生在葡萄幼果期间，主要发生在果穗向阳面。果粒受害后，被害处发生 2～3 mm 大的淡褐色干疤，微凹陷。组织受害处易遭受其他病菌（如炭疽病等）的侵染。

防治方法：对易发生日灼病的品种，夏季修剪时，在果穗附近多留叶片以遮盖果穗。

10.3.2　葡萄裂果

土壤水分和空气湿度强烈变化，前期干旱，成熟期连降大雨容易造成葡萄裂果（图 10-1）。裂果多从果蒂部产生环状、放射状或纵向裂口，果汁外溢，引起蜂、虫、蝇集于裂口处吮吸果汁，造成果实不能食用。

防治方法：①干旱时及时灌水，雨后及时排水，减少土壤干湿差。②抬高架面，提高果穗离地面的高度。③地面覆盖，始终保持土壤湿润。④果穗套袋、戴“伞”。

图 10-1 葡萄裂果

10.4 缺素症

10.4.1 缺氮

葡萄缺氮时新梢上部叶片变黄，新生叶片变薄变小，老叶黄绿带橙色或变成红紫色，新梢节间变短，花序纤细，花器分化不良，落花落果严重，甚至提早落叶。针对植株缺氮应适时适量追施氮肥，叶面喷 0.3% 尿素溶液，3～5 天后即可见效[23]。

10.4.2 缺磷

葡萄缺磷后叶片变小，叶色暗绿带紫，叶缘发红焦枯，花序、果穗变小，果实含糖量降低，着色差，果实成熟期推迟。应及时喷施 2% 磷酸钙浸出液或 0.3% 磷酸二氢钾溶液。

10.4.3　缺钾

葡萄缺钾时，枝条中部的叶片扭曲，叶缘和叶脉间失绿变黄，并逐渐由边缘向中间焦枯，叶片变脆容易脱落，或叶缘向里卷曲，同时形成褐色斑点并坏死。缺钾时，果实小，着色不良，产量和品质都下降。葡萄缺钾时，可叶面喷施 2% 草木灰浸出液或 0.2% 氯化钾溶液。

10.4.4　缺硼

在贫瘠沙壤土或酸性土容易发生。葡萄缺硼后，枝蔓节间变短、植株短小；副梢生长弱；叶片明显变小、增厚、发脆、皱缩，并向外弯曲，叶缘出现失绿黄斑，严重时叶缘焦灼；开花时花冠不脱落或落花严重，花序干缩，结实不良。一般在开花前 7～10 天喷 0.3% 硼砂溶液或土壤施硼砂进行预防，效果显著。

10.4.5　缺锌

缺锌时节间很短，叶密集呈莲座状或轮生状，叶小而窄，坐果很少，果粒稀疏，大小粒明显，出现无籽小果、畸形果。开花前 7～10 天喷施 0.1% 硫酸锌溶液预防，并限制施用石灰，防止锌在土壤中变成沉积状态不易被根系吸收。

10.4.6　缺铁

葡萄缺铁易使幼叶失绿，除叶脉保持绿色外，其他部分黄化，而这时老叶仍为绿色。缺铁严重时，叶面变为象牙色，甚至变为褐色，叶片开始坏死，出现叶脉呈绿色、叶肉呈黄白色的花叶现象，严重时叶片干焦而脱落。应及时喷施 0.2% 硫酸亚铁溶液，树干注射的效果更好。

10.4.7　缺镁

缺镁症状与缺铁相似，但缺镁病症多发生在生长季后期，特别是在老叶上，而且叶黄白斑从中央向四周扩展。酸性土壤可施适量石灰中和酸，以减少镁的淋失，严重时喷施 0.1% 硫酸镁溶液。

10.4.8 缺锰

缺锰时主要是幼叶先表现症状，叶脉间的组织褪绿黄化（褪绿部分与绿色部分界限不清晰）。缺锰应增施优质有机肥，每亩加入硫酸锰 1～2 kg，两者混合作基肥条施或穴施；葡萄开花前用 0.3% 硫酸锰液加 0.15% 石灰根外喷施，间隔 7 天再喷一次。注意配制时先用水使硫酸锰充分溶解，另用少量水使生石灰消解，充分搅拌，然后将以上两种溶液倒在一起搅匀即可喷洒。

10.5 葡萄冻害

在温室栽培条件下，植株很少发生冻害，但在特殊环境下也会发生，发生冻害后会给生产者带来严重的经济损失。一般温室冻害多发生在 11 月份至翌年 1 月份。当冬季遇到连阴雨雪天时，温室棉被浸湿且无法升降，温室内葡萄 2～3 天不见光，若温室土壤缺水，则极易发生冻害。冻害发生最多的部分是根系，因为根系不休眠，所以当根际温度低于 –5℃时，则表现冻害。枝蔓轻微受冻后，髓部和木质部变为褐色。芽眼受冻后，变褐色易脱落。叶片受冻后，打卷萎蔫，叶片呈干枯状并脱落。果实受冻后，呈褐色并萎缩（图 10-2）。

图 10-2　葡萄叶片及果实受冻

冻害补救：结果母枝未冻伤，而萌发的新梢全被冻害致死的植株，抹除或截去相应的结果母枝，逼迫隐芽和靠近主干的冬芽萌发。结果母枝出现冻害的植株，在需要抽枝的部位上进行环切，逼迫主蔓基部或主干上隐芽萌发，培养成翌年的结果母枝。在温室放下棉被进行冬季休眠前，应浇足水分，确保土壤温度，使植株安全越冬。

第11章

温室葡萄栽培常见问题及解决

11.1 温室葡萄树体更新

在温室栽培中常遇到树体更新问题，这些问题主要来自传统观念。有些地区温室的品种已生长5～6年，一些果农意识到更新树体就意味着重新栽植，这样既影响当年产量，还导致收获期推后，影响经济效益，因此树体更新速度较慢。这里介绍几种省工省时的办法。

11.1.1 葡萄枝干高截培养新枝

采用老干新枝的办法进行更新复壮，可实现当年更新，翌年丰产的目标，比重新栽植苗木可节省一年的时间。采用的办法主要为枝干高截。温室葡萄品种枝干高截一般在5月下旬至7月上旬进行，此时正值葡萄根系与枝条的旺长季（图11-1）。

11.1.2 温室葡萄高接换种

根据树体情况，截去枝干的一部分，使其萌蘖，或者利用截去枝干部分的附近枝条做砧木进行绿枝嫁接。绿枝嫁接技术在葡萄园品种更新上具有见效快、易于掌握、成功率高的特点。

（1）选好高接时期　一般葡萄高接多在春季3—4月份或秋季8—9月份进行，但以春季最好，即在春季葡萄冬芽将要萌发时最好，成活率可达 100%。因为此时葡萄枝蔓积累的大量营养物质尚未完全被消耗，便于伤口愈合，加快缓芽。而秋季嫁接成活率仅为 80% 左右。

高截树干

新枝培养

图 11-1　高截养枝

（2）选好接穗　选好高接接穗是保证当年结果及以后丰产的关键所在。高接的新品种接穗，要选择生长充实、健壮、冬芽饱满的一年生枝。

（3）高接技术　采用劈接法。在粗度为 1.2～1.5 cm 的侧蔓上，选光滑、平直的部位剪断并削平断面，然后用劈接刀在砧木断面的中央劈一垂直的劈口，深度以 4.0～5.0 cm 为宜。把接穗上端距芽眼 2.0 cm 处剪断，接穗长保持 5.0～8.0 cm，下部两侧削成长度为 3.0～4.0 cm 的楔形削面，削面必须光滑平整，厚薄一致。削好后把接穗插入劈口，接穗与砧木的形成层一定要对准，用绑带绑紧。嫁接完毕，保持嫁接苗的直立，防止倾倒降低葡萄的生长势。

（4）嫁接后的管理技术　嫁接后，砧木由于受剪截的刺激，萌发出很多新芽，应随时抹去（图 11-2），以免与接穗长出的新芽争夺养分而影响成活率和生长。

图 11-2　抹芽

（5）适时绑蔓　当接芽长出后，接口的愈伤组织虽已愈合，但组织细嫩，一遇风吹，有可能在劈接口折断。为避免新梢折断，可在接芽长出新梢后，适时对新梢进行绑缚（图 11-3）。绑扎接口的薄膜条可到葡萄果实成熟时再去除。

图 11-3　绑蔓

11.2　温室葡萄主蔓秃条问题及解决

温室葡萄栽培具有众多的优势。温室栽培不仅能够调控葡萄生长所需的生态环境，提高葡萄果实的产量和品质，而且在生产中还可以利用葡萄多次结果的习性，拉开果品上市时间，丰富人们在水果生产淡季对新鲜果品的消费选择，取得更好的经济效益。温室葡萄栽培是一项省工、省时、管理方便、经济效益高、发展前景广阔的高效林果产业。但在温室内，由于栽培管理等原因，加之常年实施一年两收，使部分葡萄树体的结果枝组出现退化甚至干枯的现象，最终导致主蔓秃条。主蔓秃条问题使得葡萄产量下降，经济效益低下。为解决该问题，在温室管理过程中应注意培养新的结果枝组，以弥补结果部位光秃带。如光秃带在主蔓的中间部位，可借用相邻枝组的一个枝条，将该枝条培养到适当位置并摘心，把主蔓光秃位置补满，然后将其与主蔓绑在一起，次年可萌发新梢，以弥补光秃部位（图 11-4）。如主蔓上枝组间的光秃距离较小（40 cm 以下），可将下部枝组枝条适当多留或采用双枝更新修剪法，利用结果枝上的新梢来弥补此处空缺。

图 11-4　拉枝补位

11.3　温室葡萄栽培空间高效利用

温室空间的利用正朝着立体栽植、高效益方向发展。为充分开发和利用温室的生产潜力，可开展温室葡萄与平菇的间作生产模式（图 11-5）。

图 11-5　温室葡萄与平菇的立体栽培模式

温室葡萄可进行一年两收，但一些品种由于不耐温室弱光或者管理等问题，可间歇性地进行温室葡萄管理。对于一年一熟的温室葡萄品种，5—7 月份葡萄促早成熟后，在接下来的 3～4 个月内，温室葡萄树体处于间歇期，大大降低了温室空间的利用率和产出率。为此在 5—7 月份葡萄采摘结束后，可进行平菇的生产。在葡萄架下做床放置平菇菌棒，并安装喷灌设施与遮阳网，以维持足够的空间湿度与适宜的光照，促进平菇生长。虽然高湿度易引起葡萄病害的发生，但在 12 月份平菇采收后，可进行硫黄熏棚，以杀死温室内残留的病菌。

这种模式大幅度提升了温室空间的利用率，并利用温室葡萄生产的间歇期生产平菇，显著提高了温室的经济效益。

参考文献

[1] 孔庆山．中国葡萄志 [M]．北京：中国农业科学技术出版社，2004．

[2] 刘凤之．中国葡萄栽培现状与发展趋势 [J]．落叶果树，2017，49（1）：1-4．

[3] 李峰，高丽，王强，等．我国设施葡萄栽培技术研究进展 [J]．现代农业科技，2015（12）：118-119．

[4] 王莉．浙江葡萄二次果栽培关键技术研究 [D]．杭州：浙江大学，2016．

[5] 赵君全．设施葡萄花芽分化规律及其影响因子研究 [D]．北京：中国农业科学院，2014．

[6] 谢计蒙．设施葡萄促早栽培适宜品种的评价与筛选 [D]．北京：中国农业科学院，2012．

[7] 张付春，张新华，潘明启，等．葡萄促成栽培生长表现及其与光合作用的关系 [J]．新疆农业科学，2014（7）：1219-1226．

[8] 杜建厂．葡萄设施栽培及其环境因子相关性研究 [D]．南京：南京农业大学，2001．

[9] 杨文雄，马承伟．不同覆盖材料对日光温室室内光环境的影响 [J]．农机化研究，2016（2）：145-148．

[10] 王进．葡萄园配方施肥及镉污染植物修复研究 [D]．成都：四川农业大学，2016．

[11] 周敏. 葡萄施肥与负载量对其产量与品质的影响研究 [D]. 长沙：湖南农业大学，2012.
[12] 马振强，贾明方，王金欢，等. 磷肥追施时期对‘摩尔多瓦’葡萄磷素吸收利用的影响 [J]. 果树学报，2014，31（5）：848-853.
[13] 李春辉. 施用氮磷钾对藤稔葡萄产量和品质的影响 [D]. 长春：吉林农业大学，2013.
[14] 马晓丽，刘雪峰，杨梅，等. 镁肥对葡萄叶片糖、淀粉和蛋白质及果实品质的影响 [J]. 中国土壤与肥料，2018（4）：114-120.
[15] 张富民，赖呈纯，潘红，等. 葡萄钙素营养需求与施用措施 [J]. 中外葡萄与葡萄酒，2018（5）：53-56.
[16] 迟明. 不同整形方式对赤霞珠葡萄果实品质的影响 [D]. 杨凌：西北农林科技大学，2014.
[17] 丁双六. 延庆县葡萄实用栽培技术. 北京：中国农业大学出版社，2013：57-60.
[18] 李峰，张会臣，张仲新，等. 二氧化碳气肥对温室葡萄的应用效果 [J]. 北方果树，2016（1）：11-12.
[19] 张颖. 二氧化碳施肥对甜瓜光合特性的影响 [D]. 保定：河北农业大学，2006.
[20] 陈海亮. 日光温室土壤酸化的原因危害及综合防治技术 [J]. 天津农林科技，2009（4）：37.
[21] 刘凤之，王海波. 设施葡萄促早栽培实用技术手册：彩图版. 北京：中国农业出版社，2011：145.
[22] 王忠跃，褚凤杰，王玉倩，等. 河北省鲜食葡萄病虫害防控技术手册 [M]. 北京：中国农业出版社，2013：48.
[23] 李爱娟，马占琼. 设施葡萄栽培常见病害鉴别与防治技术 [J]. 果树花卉，2010（7）：27-28.